清華
电脑学堂

U0341521

Photoshop
网页设计与配色标准教程

郑国强　编著

清华大学出版社

北　京

内 容 简 介

本书详细讲解了Photoshop在网页设计领域的应用。本书共16章，包括网页设计中的色彩应用，版面设计，按钮的制作及应用，使用Photoshop制作网页动画，Banner和导航条，网页广告，文字特效，网页其他组成部分的设计和制作，用Photoshop优化Web网页，以及网页界面特效实例等内容。本书结构编排合理，图文并茂、实例丰富，可以作为高等院校相关专业教材，也可以作为读者的自学参考资料。

图书在版编目（CIP）数据

Photoshop 网页设计与配色标准教程/郑国强编著. —北京：清华大学出版社，2017(2022.7重印)
（清华电脑学堂）

ISBN 978-7-302-43356-9

Ⅰ. ①P… Ⅱ. ①郑… Ⅲ. ①图像处理软件-教材 Ⅳ. ①TP391.41

中国版本图书馆 CIP 数据核字（2016）第 074865 号

责任编辑：冯志强 薛 阳
封面设计：杨玉芳
责任校对：胡伟民
责任印制：丛怀宇

出版发行：清华大学出版社
   网 址：http://www.tup.com.cn, http://www.wqbook.com
   地 址：北京清华大学学研大厦 A 座   邮 编：100084
   社 总 机：010-83470000   邮 购：010-62786544
   投稿与读者服务：010-62776969, c-service@tup.tsinghua.edu.cn
   质量反馈：010-62772015, zhiliang@tup.tsinghua.edu.cn
印 装 者：三河市君旺印务有限公司
经 销：全国新华书店
开 本：185mm×260mm 印 张：19   字 数：480 千字
版 次：2017 年 2 月第 1 版   印 次：2022 年 7 月第 7 次印刷
定 价：49.80 元

产品编号：067761-01

前　　言

Photoshop 在网页设计中具有广泛的应用，无论是色彩的应用、版面的设计、文字特效、按钮的制作，还是网页动画如 Banner、导航条和网络广告的制作，它均占有重要地位。读者不但可以利用 Photoshop CC 完成网页中的图标、广告设计，还可以利用 Photoshop CC 完成整个网页的版面效果设计。

本书主要内容

第 1 章简要介绍网页设计的相关知识，以及在设计网页之前所要了解的网页制作流程。第 2、3 章则根据网页设计所用到的关于 Web 的专业知识，讲解 Photoshop CC 的部分功能，使读者在制作网页图像之前熟练掌握 Photoshop 的制图功能。

第 4 章具体介绍对设计文件进行切片导出的具体方法，包括切片的创建、编辑、优化与导出等内容。最后的实际案例详细展现切片的原则和要点。第 5 章介绍网页设计元素图标、网页导航条、网页广告、特效字体的设计原则和应用方向，并结合实操案例进行讲解。

第 6~10 章介绍颜色的基础知识以及网页设计的颜色搭配原则和方法；有计划地进行色彩布局和色彩组合，以突出的色彩设计来形成网站的风格；网页版面设计的类型、风格以及趋势，同时例举了一些优秀的网页版面设计作品。

第 11~16 章介绍了艺术类、企业类、购物类、旅游类、餐饮类、休闲类的网站特色和设计要点，并通过综合案例使读者能够综合地运用所学到的设计知识，独立完成设计案例。

2．本书特色

本书使用 Photoshop CC 软件介绍网页设计，具有如下特色。

（1）全面完整：本书包含网页设计的多个方面，从导航条、网络广告、图标、色彩搭配等理论知识到实际操作应用都经过精心的规划设计。

（2）重点突出：凭借实际操作经验，在一些经常可能出现错误操作的地方给读者一些小提示或者操作技巧旁注，让读者在练习案例的同时巩固软件基础。

（3）虚实结合：本书理论与实践紧密地结合，案例具有针对性，根据实际应用安排知识点，突出重点和难点。

（4）内容丰富：书中所涉及的图片都经过精心的挑选和斟酌，配色美观，图文搭配，相得益彰，呈现一种赏心悦目感。

3．读者对象

本书凝结了作者使用 Photoshop CC 进行网页设计和制作的切身感受，既适合研究网页美工的网页设计师，又适合网页制作初学者学习，是一本美术院校网页美工与设计制作的推荐教材，适用于网页设计师、网站编辑和美工、平面设计从业者、在校师生、社会培训班以及网页设计爱好者。

4．关于作者

除了封面署名人员之外，参与本书编写的人员还有郑国栋、和平艳、李敏杰、庞婵婵、郑璐、吕单单、余慧枫、张伟、王晰、刘强等人。由于时间仓促，水平有限，书中疏漏之处在所难免，欢迎读者朋友登录清华大学出版社的网站 www.tup.com.cn 与我们联系，帮助我们改进提高。

编　者

目　　录

第 1 章

Photoshop CC 网页设计

　　Photoshop 对于网页设计来说是极其重要的创作工具，它集图像设计、扫描、编辑、合成以及高品质输出功能于一身，是通过使用更合理的颜色、字体、图片、样式进行页面设计美化，在功能限定的情况下，尽可能给予用户完美的视觉体验。

　　本章主要介绍网页界面、网页设计的美化、网页设计流程和网站策划。网页是企业对外宣传的窗口，优秀的网页设计对于提升企业的互联网品牌形象至关重要。虽然网页设计也是平面设计的一个方面，但是网页设计有其独特的设计要求与原则，在设计网页之前要对其有所了解。

1.1　认识网页

　　只要身处互联网时代就离不开网页，网页起着传递信息的重要作用。了解网页的组成和元素是网页设计的必要条件。网页是图像与图像、图像与文字以及图像与图案之间的组合，网站是展现企业形象、介绍产品和服务、体现企业发展战略的重要途径。文字与图像是构成一个网页的两个最基本元素。可以简单地理解为：文字，就是网页的内容；图像，就是网页的美观。除此之外，网页的元素还包括动画、音乐、程序等。

1.1.1　网页界面

　　网页是一个文件，它可以存放在世界上某个角落的某一台计算机中，是由色彩、文字、图像、符号等视觉元素以及多媒体元素为主构成的。界面是人与机器之间传递和交换信息的媒介，是用户和系统进行双向信息交互的支持软件、硬件以及方法的集合。要想更好地完成网页的设计工作，需要先了解构成网页界面各要素的特点，才能实现元素间更好的调配和规制。

1．网页界面组成

从构成网页的元素类型来划分，网页界面组成包括文字、图形图像、音频、视频、动画等。如果从网页的栏目结构来划分，网页界面包括页眉、导航栏、正文、Banner（横幅广告）、页脚等。如图 1-1 所示为大多数网页的界面组成。

下面简要介绍网页界面各组成部分的特点。

图 1-1 网页界面组成

（1）页眉：又可称为页头，其作用是定义页面的主题。在页眉部分通常放置站点名字、图片和公司标志、主题以及旗帜广告。例如一个站点的名字多数都显示在页眉里，这样，访问者能很快了解该网页的主要内容。

（2）页脚：是指页面最下方的一块空间，它和页眉相呼应。页眉是放置站点主题和标识的地方，而页脚则通常是放置制作者、公司相关信息、版权的地方，有时候，还会放置一个导航栏。

（3）导航栏：是指位于页眉下方（有的也位于页眉内）的一排水平导航按钮，它起着链接各个页面的作用。网站使用导航栏是为了让访问者更快速、方便地找到所需要的资源区域。通过颜色或者形态的改变，导航栏可以向访问者指示其当前所在页面位置。

（4）Banner：是指网页上的横幅或旗帜广告，是网页中最基本的广告形式。

（5）文本：在页面中多数是以行或者块（段落）出现的，它们的摆放位置决定着整个页面布局的可视性。随着 DHTML（动态 HTML）的普及，文本、段落已经可以通过层的概念按要求放置到页面的任何位置。

（6）图片：图片和文本是网页构成元素中的两大核心，缺一不可。图片的选择、设置以及与文本的搭配关系等都影响着整个页面的整体布局和效果。图片的数量也会影响网页的下载速度。

（7）多媒体：除了文本和图片，还有声音、动画、视频等其他媒体。虽然它们不经常被使用，但随着动态网页的兴起，它们在网页布局上也将变得更重要。

2．网页尺寸

网页显示在显示器上，其尺寸大小受显示器分辨率大小制约。一般来说，当显示器分辨率为 1024×768 时，页面的显示尺寸为 1002×600 像素；当显示器分辨率为 800×600 时，页面的显示尺寸为 780×428 像素。同一网页图像在不同显示分辨率下的显示效果如图 1-2 所示。

（a）分辨率为 1024×768　　　　　　　　　（b）分辨率为 800×600

图 1-2　不同分辨率下的网页显示

在网页设计中，网页的宽度必须小于显示器宽度，高度则不限，尺寸单位是像素。如果显示器分辨率是 800 的话，页面宽度有设置为 780 的，也有设置为 760 的。因为有些网页添加的插件或者其他东西会占用屏幕宽度，为了稳妥起见，我们一般都设置得更小一点，所以屏幕分辨率为 800 的一般设置页面宽度为 760 左右，屏幕分辨率为 1024 的一般设置页面宽度为 990 左右。

提　示

浏览器的工具栏也是影响页面尺寸的因素。目前一般的浏览器的工具栏都可以取消或者添加，那么当显示全部工具栏和关闭全部工具栏时，页面的尺寸是不一样的。用户可以根据自己的需求进行相应设置。

1.1.2 网页设计的审美感

随着新兴事物的不断出现，人们对美的追求也是不断提高的，网页设计也同样如此。网页设计的审美需求是对平面视觉设计美学的一种继承和延伸，两者的表现形式和目的都有一定的相似性，可以根据网页设计的需要把传统平面设计中美的形式规律同现代网页设计的具体问题结合起来，运用一些平面设计中美的基本规律和原则到网页中去，增加网页的整体美感，满足大众的视觉审美需求，使受众能更好、更有效率地接收网页上的信息，增加网页的浏览量。

首先，网页的内容与形式的表现必须统一、具有秩序，形式表现必须服从内容要求，网页上各种构成要素之间的视觉流程，能自然而有序地达到信息诉求的重点位置。

在把大量的信息放到网页上的时候，要考虑怎样把它们以合理、统一的方式进行排列，使整体感强的同时又要有变化，使页面更丰富、有生气，增强视觉感，如图 1-3 所示。

（a）　　　　　　　　　　　　　　　　　（b）

图 1-3　网页内容与形式的统一

其次，网页要突出主题要素，必须在众多构成要素中突出一个清晰的主题，使用户浏览时能够对网站的主题一目了然，起到强调主要内容的作用，它应尽可能地成为阅读时视线流动的起点，如图 1-4 所示。如果没有这个主体要素，浏览者的视线将会无所适从，或者导致视线流动偏离设计的初衷。

（a）　　　　　　　　　　　　　　　　　（b）

图 1-4　突出网页主题

最后，在网页设计中，有规律和秩序地强调主题的同时，为了使页面不至于太过单调，也可以适量地选择一些动态图片、动态视频、卡通动画，或者增加颜色的整体感等方法，利用多种元素来吸引用户的眼球。当然这一切元素都是在符合主题整体风格和需求的情况下进行的，做到不跑题又强调主题。

1.1.3 网页设计的艺术性

艺术讲究变化美、和谐美、秩序美，网页在一定意义上讲也是一种艺术品，因为它既要求文字的生动活泼、简洁到位，同时又要求页面整体布局的协调性，以及色彩的使用达到强调和突出主题的目的，各种元素要相互配合，综合起来就组成了网页艺术。网页设计从变化产生美感、和谐产生美感、秩序产生美感三个方面讲解网页设计的艺术性。

1．变化产生美感

变化的原则体现了设计存在的意义，即不断推陈出新、创造出具有个性特点的网页页面，突出主题的同时，增加网页的整体美感。如图 1-5 所示为具有创意的网页效果。

（a）

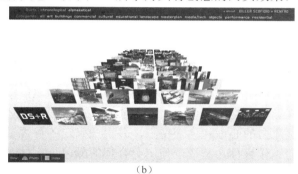
（b）

图 1-5　变化美

2．和谐产生美感

和谐是以美学上的整体性观念为基础的。构成界面形式的文字、图形、色彩等因素之间相互作用、相互协调映衬，构造网页的整体布局，增加页面的功能美和形式美，同时也是为主题服务的，如图 1-6 所示。

（a）

（b）

图 1-6　和谐美

3．秩序产生美感

秩序是一种为主题服务的形式，通过对称、比例、连续、渐变、重复、放射、回旋等方式，表现出严谨有序的设计理念，是创造形式美感的最基本的方式之一，如图 1-7 所示。

（a）

（b）

图 1-7　秩序美

1.2　网页设计应用

网页是通过视觉元素的引人注目而实现信息内容的传达的，为了使网页获得最大的视觉传达功能，使网络真正成为可读性强而且新颖的媒体，网页的设计必须适应人们视觉流向的心理和生理特点，并由此确定各种视觉构成元素之间的关系和秩序。网页设计的工作目标，是通过使用更合理的颜色、字体、图片、样式进行页面设计美化，在功能限定的情况下，尽可能给予用户完美的视觉体验。

1.2.1　网页图像管理

网页设计是个逐步发展成熟的领域，不断发展的网络技术，为设计创建了表现的基础，使得更多图像元素可以融入网页之中，不断丰富网页中的表现内容，满足更高标准的浏览者需求。网页中的图像与平面印刷图像有所不同，在 Photoshop 中设计与制作网页图像时，要了解它们之间的区别。

1．图像分辨率

图像分辨率是指图像中存储的信息量，即每英寸图像内有多少个像素点，分辨率的单位为 ppi(pixels per inch)，通常叫做"像素每英寸"。分辨率确定了一幅图像的品质和能够打印或显示的细节含量，分辨率表示最终打印的图像上每一线性英寸的像素数，所以说线性是因为在直线上计算像素数。如果图像的分辨率是 72ppi，即每英寸 72 个像素，则每平方英寸上有 5184 个像素。假设图像中的像素数是固定的，增加图像的尺寸将降低其分辨率，反之亦然。

在同一显示分辨率的情况下，分辨率越高的图像像素点越多，图像的尺寸和面积也越大，如图 1-8 所示。

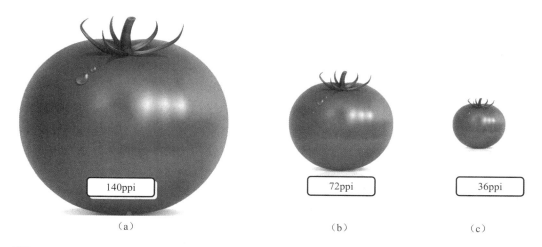

140ppi   72ppi   36ppi

（a）　　　　　　　　　　（b）　　　　　　　（c）

图 1-8　不同分辨率的图像

印刷设计中图像分辨率一般要求为 300ppi,而网页设计中的图像分辨率一般采用 72ppi。

2．图像格式

Photoshop 能够支持包括 PSD、TIF、BMP、JPG、GIF 和 PNG 等 20 余种文件格式。在实际工作中，由于工作环境的不同，要使用的文件格式也是不一样的，用户可以根据实际需要来选择图像文件格式，以便更有效地将其应用到实际当中。

下面主要介绍关于图像文件格式的知识和一些常用图像格式的特点以及在 Photoshop 中进行图像格式转换应注意的问题。表 1-1 列举了编辑图像时常用的文件格式，其中 GIF（Graphics Interchange Format，图形交换格式）、JPEG（Joint Photographic Experts Group，联合照片专家组）和 PNG（Portable Network Graphics，可移植网络图形格式）是 Web 浏览器支持的三种主要的图形文件格式。

表 1-1　编辑图像时常用的文件格式

文件格式	后缀名	作　　用
PSD	.psd	PSD 格式是 Photoshop 自身默认生成的图像格式，它可以保存图层、通道和颜色模式，便于进一步修改
TIFF	.tiff	TIFF 格式是一种应用非常广泛的无损压缩图像格式。TIFF 格式支持 RGB、CMYK 和灰度三种颜色模式，主要用于印刷图像的保存
BMP	.bmp	BMP 图像文件是一种 MS-Windows 标准的点阵式图形文件格式，图像信息较丰富，占用磁盘空间较大
JPEG	.jpg	JPEG 是目前所有格式中压缩率最高的格式，普遍用于图像显示和一些超文本文档中。JPEG 格式在压缩的时候会有微小的失真，因此印刷图像最好不要用此图像格式
GIF	.gif	GIF 格式是 CompuServe 提供的一种图形格式，最多只保存 256 色，文件占用空间小，因此广泛应用于 HTML 网页文档中。GIF 格式还支持透明背景及动画
PNG	.png	PNG 也是一种网络图形格式，采用无损压缩，压缩比高于 GIF，支持图像透明，支持 RGB 模式颜色
PDF	.pdf	PDF 格式是应用于多个系统平台的一种电子出版物软件的文档格式，它可以包含位图和矢量图，还可以包含电子文档查找和导航功能
EPS	.eps	EPS 是一种包含位图和矢量图的混合图像格式，常用于印刷或打印输出

3．单位与标尺

网页中的图像需要根据屏幕显示要求来设置尺寸与单位。由于网页效果是显示在显示器中的，所以在设计网页图像时，其标尺的单位应该设置为像素。具体方法是：执行【编辑】|【首选项】|【单位与标尺】命令，在打开的【首选项】对话框中设置【标尺】选项，如图 1-9 所示。PS 中的标尺单位中，英寸、厘米、毫米、点、派卡都是绝对单位，而像素和百分比是没有绝对大小的。

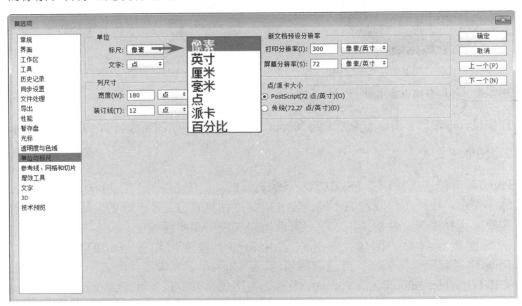

图 1-9　设置单位与标尺

提 示

在【首选项】对话框的【单位与标尺】选项卡中，还可以设置新文档的预设分辨率，并且能够分别设置打印和屏幕的分辨率。

4．图像大小调整

网页设计中的图像受制于屏幕宽度，其最大宽度最好不要超过屏幕宽度。另外，网页具体栏目中各图像的大小通常都有明确的规定，不能超过栏目尺寸，因此在网页设计中，经常需要调整素材图像的大小。

网页图像大小的调整只关心像素值的多少，所以调整图像大小的时候，只要图像宽度、高度像素值符合要求即可。

执行【图像】|【图像大小】命令，打开【图像大小】对话框，如图 1-10 所示。调整的时候，单击宽度和高度项左侧的链条状图标，设置为限制长宽比，并将宽度和高度单位设置为像素，然后输入需要的宽度像素值即可。

该对话框中的部分选项参数及用途如下。

（1）邻近：选择这种方式插补像素时，Photoshop 会以邻近的像素颜色插入，其结果较不精确，这种方式会造成锯齿效果。在对图像进行扭曲、缩放或者在选区中执行多项操作时，这种效果会变得更明显。但这种方式执行速度较快，适合用于没有色调的线型图。

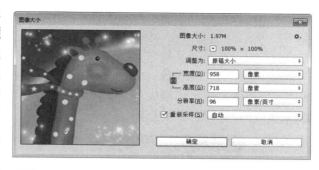

图 1-10　【图像大小】对话框

（2）两次线性：此方式介于上述两者之间，如果图像放大的倍数不高，其效果与两次立方相似。

（3）两次立方（平滑渐变）：选择此选项，在插补时会依据插入点像素颜色转变的情况插入中间色，是效果最精致的方式，但是这种方式执行速度较慢。

1.2.2　网页设计流程简介

网页设计包括前台和后台两大块。前台完成网页的外观和布局设计，后台解决网页的编程。Photoshop 可以完成网页前台设计。在该软件中，不仅能够像制作平面图像一样来制作网页图像，还可以使用网页特有的工具来创建并保存网页图片，从而完成网页的前期设计。

在 Photoshop 中进行网页设计，通常包括 6 大步骤：根据栏目布局创建辅助线、绘制结构底图、添加具体内容、切片、优化、导出。

1．创建辅助线

当网站资料收集完成，并且确定网站方向后，就可以在 Photoshop 中开始设计网页图像了。为了更加精确地建立网页图像的结构，首先要通过参考线来确定网页结构的位置，如图 1-11 所示。

图 1-11　创建网页参考线

2．绘制结构底图

根据参考线的位置，由底层向上，在不同的图层中建立不同形状的选区，并填充不同的颜色，从而完成网页结构图的雏形，如图 1-12 所示。

3．添加内容

当网页基本结构完成后，就可以在相应的区域内添加 Logo、主题标题、导航、

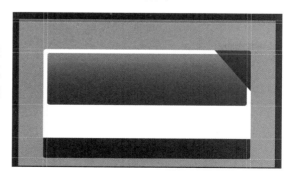

图 1-12　填充网页结构底色

文字等网站内容，补充整个网页图像，如图 1-13 所示。

4. 切片

当一切网页图像设计完成后，为了后期网页文件制作的需要，以及加快网页的浏览速度，应将网页图像切割成若干个网页图片。这里使用的是 Photoshop 中的【切片工具】来实现的，如图 1-14 所示。

图 1-13　添加网页元素

图 1-14　创建切片图像

提　示

在创建切片时，还可以根据现有的参考线，或者继续添加参数线，来精确切片的位置与个数，从而得到精确尺寸的网页图片。

5. 优化

在网页文件中，虽然能够同时插入 JPEG、GIF、PNG 和 BMP 格式的图片，并且在后期的网页制作软件 Dreamweaver 中还能够插入 PSD 格式的图像，但还是需要找到最适合网页的图片，并且在不影响图片质量的情况下，将图片文件容量压缩至最小。这样就需要用到 Photoshop 中的【存储为 Web 所用格式】命令来优化网页图片，如图 1-15 所示。

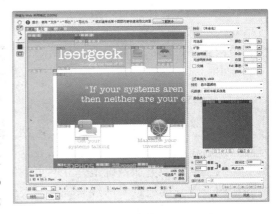

图 1-15　优化切片图像

提　示

在【存储为 Web 所用格式】对话框中，不仅能够设置不同的图片格式，还可以设置同一种图片格式中的不同的颜色参数。

6. 导出

在【存储为 Web 所用格式】对话框中设置参数后，就可以将整幅网页图像保存为若干个网页图片，如图 1-16 所示，从而方便后期网页文件的上传。

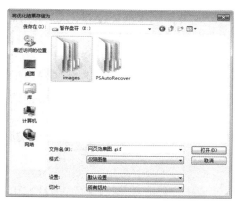

（a）

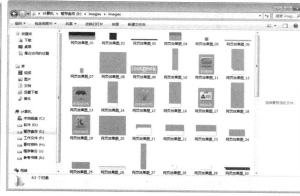

（b）

图 1-16　导出切片图像

1.2.3　网站策划

网站策划是一项比较专业的工作，网站策划是指在网站建设前对市场进行分析，确定网站的目的和功能，并根据需要对网站建设中的技术、内容、费用、测试、维护等做出规划并提供完善的解决方案。

1．网站开发流程

为了加快网站建设的速度以及减少失误，应该采用一定的制作流程来策划、设计、制作和发布网站。好的制作流程能帮助设计者解决策划网站的繁琐性，减小项目失败的风险。制作流程的第一阶段是规划项目和采集信息，接着是网站规划和网页设计，最后是上传和维护网站阶段。每个阶段都有特定的步骤，但相连的各阶段之间的边界并不明显。有时候，某一阶段可能会因为项目中未曾预料的改变而更改。网站制作过程中步骤的实际数目和名称因人而异，但是总体制作流程如图 1-17 所示。

2．目标需求分析

提出目标是非常简单的事情，更重要的是如何使目标陈述得简明并且可以实现。实际上，一个网站不可能满足所有人的需求，设计者必须去整合目标对象的信息需求，检验读者定位，根据需求比例来规划网站资源分布，安排网站功能结构。

图 1-17　网站制作流程图

为了确定目标，开发小组必须要集体讨论，每一个成员都尽可能提出对网站的想法和建议。通常，集体讨论可以集中大家一致感兴趣的问题，通过讨论可以确定网站的设计方案。在对某个网站进行升级或全面重新设计时，一定要注意不要召开集体会议来讨论已有网站中出现的问题，防止项目偏离初衷。集体会议中的要点是挖掘各种各样的被称为"期望清单"的想法。"期望清单"就是描述各种不考虑价格、可行性、可应用性的有关网站的想法。

通过集体讨论设计方案，能够兼顾到各方的实际需求和设计开发的技术问题，能够为成功开发 Web 网站打下良好的基础。

3．网页制作

网页制作包括网站的标题、内容采集整理、页面的排版设置、背景及其整套网页的色调等。

1）网站标题

在网页设计前，首先要给网站一个准确的定位，是属于宣传自己产品的一个窗口，还是用来提供商务服务或者提供资讯服务性质的网站或者其他特定的门户网站，从而确定主题与设计风格，如图 1-18 所示。网站名称要切题，题材要专而精，并且要兼顾商家和客户的利益。在主页中标题起着很重要的作用，一个好的标题在符合自己主页主题和风格的前提下还必须有概括性、简短、有特色且容易记住等特点。

（a）企业网站　　　　　　　　　　　　　　　　（b）娱乐网站

图 1-18　　企业网站与娱乐网站

2）内容的采集

采集的内容必须与标题相符，在采集内容的过程中，应注重特色。主页应该突出自己的个性，并把内容按类别进行分类，设置栏目，让人一目了然，栏目不要设置太多，最好不要超过 10 个，层次上最好少于 5 层，而重点栏目最好能直接从首页中看到，同时要保证用各种浏览器都能看到主页最好的效果，如图 1-19 所示。

采集到的内容涉及文字资料、图片资料、动画资料和一些其他资料，文字资料是与网站主题相关联的文字，要做到抓住重点、简洁明了。图片资料和文字资料是相互配合使用的，都是为主题服务的，可以增加内容的丰富性和多样性。动画资料可以增添页面的动态性，当然还有一些如应用软件、音乐文件等的相关资料需要收集。

（a）　　　　　　　　　　　　　　　（b）

图1-19 网站导航

3）网站规划

在设计之前，需先画出网站结构图，其中包括网站栏目、结构层次、链接内容等。首页中的各功能按钮、内容要点、友情链接等都要体现出来，一定要切题，并突出重点，同时在首页上应把大段的文字换成标题性的、吸引人的文字，将单项内容交给分支页面去表达，这样才显得页面精炼。此处，设计者要细心周全，不要遗漏内容，还要为扩容留出空间。

分支页面内容要相对独立，切忌重复，导航功能性要好，如图1-20所示。网页文件命名开头不能使用运算符、中文字等，分支页面的文件存放于自己单独的文件夹中，图形文件存放于单独的图形文件夹中，汉语拼音、英文缩写、英文原义均可用来命名网页文件。在使用英文字母时，要区分大小写，建议在构建的站点中，全部使用小写的文件名称。

（a）首页　　　　　　　　　　　　　　　　　　　（b）分页

图1-20 网站首页与分页

4）主页设计

主页是网站中权重最高的页面，在设计时要考虑到创意、结构、色彩调配和布局设计。创意设计来自设计者的灵感和平时经验的积累，结构设计源自网站结构图。在主页设计时应注意:"标题"要有概括性和特色性,符合自己设计时的主题和风格;"图片"适当地插入网页中可以起到画龙点睛的作用;"文字"与"背景"的合理搭配,可以使浏览者更加乐于阅读和浏览。整个页面的色彩一定要统一,特别是背景色调的搭配一定不能有强烈的对比,背景的作用主要在于统一整个页面的风格,对主体起一定的衬托和协调作用,如图 1-21 所示。

在插入图片时,图片颜色较少、色调均匀以及颜色在 256 色以内的最好把它处理成 GIF 图像格式,如果是一些色彩比较丰富的图片,如扫描的照片,最好把它处理成 JPG 图像格式,因为 GIF 和 JPG 图像格式各有各的压缩优势,应根据具体的图片来选择压缩比。

（a）　　　　　　　　　　　　　　　（b）

图 1-21 主色调与文字颜色的搭配

提 示

图片不仅要好看,还要在保证图片质量的情况下尽量缩小图片的大小(即字节数),在目前网络传输速度不是很快的情况下,图片的大小在很大程度上影响网页的传输速度。小图片(100×40)一般可以控制在 6KB 以内,动画控制在 15KB 以内,较大的图片可以"分割"成小图片。

5）网页排版

要灵活运用表格、层、帧、CSS 样式表来设置网页的版面。将这些元素合理地进行安排,让自己的网页疏密有致、井井有条,更好地突出主题,留下必要的空白,让人觉得很轻松,如图 1-22 所示。不要把整个网页都填得密密实实,没有一点空隙,这样会给人一种压抑感。

（a）　　　　　　　　　　　　　　　（b）

图 1-22 网页中的排版

6）背景

背景色彩是非常重要的，网页的背景并不一定要用白色，选用的背景应该和整套页面的色调相协调，合理地应用色彩是网页设计的一个重要环节。物理学家的研究证明，色彩最能引起人们奇特的想象，最能拨动感情的琴弦。例如制作大型公司的网页时，会选用黑色、深蓝色、蓝色这类比较沉稳的色彩，表现公司的大气、稳重的形象，如图1-23所示。黑色是所有色彩的集合体，比较深沉，它能压抑其他色彩，在图案设计中经常用来勾边或点缀最深沉的部位，黑色在运用时必须小心，否则会使图案因"黑色太重"而显得沉闷阴暗。

（a）

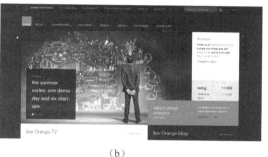
（b）

图 1-23　网页背景颜色

7）其他

如果想让网页更有特色，可适当地运用一些网页制作的技巧，诸如动态网页、Java、Applet 等，当然这些小技巧最好不要运用太多，应保持适量，否则会影响网页的下载速度。

另外，考虑主页站点的速度和稳定性，不妨考虑建立一两个镜像站点，这样不仅能照顾到不同地区网友对速度的要求，还能作好备份，以防万一。等主页做得差不多了，可在上面添加一个留言板、一个计数器。前者能让你及时获得浏览者的意见和建议，为了赢得更多的浏览者，最好能做到有问必答；后者能让你知道主页浏览者的统计数据，可以及时调整设计，以满足不同的浏览器和浏览者的需求。

1.3　思考与练习

一、填空题

1. 网页界面组成包括＿＿＿＿、＿＿＿＿、视频、动画等。

2. 网页设计从＿＿＿＿＿＿三个方面讲解网页设计的艺术性。

3．网站策划是指_____，并根据需要对网站建设中的技术、内容、费用、测试、维护等做出规划并提供完善解决方案。

二、选择题

1．网页界面包括_____ 、导航栏、正文、Banner（横幅广告）、页脚等。

A．文字　　　　　　B．图片

C．页眉　　　　　　D．工具

2．在 Photoshop 中进行网页设计，通常包括 6 大步骤：根据栏目布局创建辅助线、绘制结构底图、添加具体内容、_____优化、导出。

A．设计　　　　　　B．校正

C．正文　　　　　　D．切片

三、简答题

简述网页界面的构成。

第 2 章
网页图像设计

只有线条和文字的网页过于单调了，而图片的出现不仅美化了网页，也使网页增添了活力和说服力，加深了浏览者对网页的印象。Photoshop 软件可以满足网页中各种图片效果的制作需要，所以在网页制作中发挥着重要的作用。

本章主要围绕着 Photoshop 的基本功能进行展开，其中包括图层的介绍和具体的应用设置、图层样式的介绍和具体的编辑应用、选区和路径的分类和实际应用、文字的编辑方法、填充的具体分类、滤镜的介绍等，同时还结合实际案例进行具体的讲解和应用，让读者能够在实际操作中，综合地掌握这些知识。

2.1　图层的应用

图层是 Photoshop 软件中的重要工具，通俗地讲，图层就像是绘有文字或图形等元素的可以随意叠加的透明纸张，一张张按顺序叠放在一起，组合起来最终形成我们所要的效果。图层可以将页面上的元素精确定位。图层中可以加入文本、图片、表格、插件，也可以在里面再嵌套图层。

2.1.1　认识图层面板

在网页设计过程中每一个图层都是由许多像素组成的，而图层又通过上下叠加的方式来组成整个图像，如图 2-1 所示。

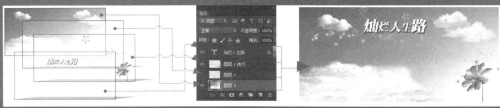

图 2-1　图层原理

在 Photoshop 中，不同图像拥有自己单独的图层，图像之间是叠加的关系，所有的图像均显示在【图层】面板中。执行【窗口】|【图层】命令，或者按 F7 键可以打开如图 2-2 所示的【图层】面板。该面板中各个按钮与选项的功能如表 2-1 所示。

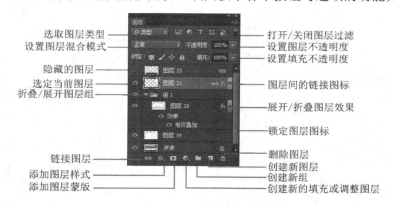

选取图层类型
设置图层混合模式
隐藏的图层
选定当前图层
折叠/展开图层组
链接图层
添加图层样式
添加图层蒙版

打开/关闭图层过滤
设置图层不透明度
设置填充不透明度
图层间的链接图标
展开/折叠图层效果
锁定图层图标
删除图层
创建新图层
创建新组
创建新的填充或调整图层

图 2-2 【图层】面板

表 2-1 【图层】面板中各个按钮与选项的名称及作用

名　称	图　标	功　能
图层混合模式	正常	在下拉列表中可以选择当前图层的混合模式
图层总体不透明度	不透明度:100%	在文本框中输入数值可以设置当前图层的不透明度
图层内部不透明度	填充:100%	在文本框中输入数值可以设置当前图层填充区域的不透明度
锁定	锁定:图 / ✛ 🔒	可以分别控制图层的编辑、移动、透明区域可编辑性等属性
眼睛图标	👁	单击该图标可以控制当前图层的显示与隐藏状态
链接图层	🔗	表示该图层与作用图层链接在一起，可以同时进行移动、旋转和变换等操作
折叠按钮	▼ ▶	单击该按钮，可以控制图层组展开或者折叠
创建新组	📁	单击该按钮可以创建一个图层组
添加图层样式	fx.	单击该按钮可以在弹出的下拉菜单中选择图层样式选项，为作用图层添加图层样式
添加图层蒙版	◻	单击该按钮可以为当前图层添加蒙版
创建新的填充或调整图层	◑	单击该按钮可以在弹出的下拉菜单中选择一个选项，为作用图层创建新的填充或者调整图层
创建新图层	🔲	单击该按钮，可以在作用图层上方新建一个图层，或者复制当前图层
删除图层	🗑	单击该按钮，可以删除当前图层

2.1.2　图层基础操作

在网页图像处理过程中，掌握图层的操作技巧，可以大大地提高工作效率。常用的图层操作包括新建、移动、复制、链接、合并等。

1．新建图层

当打开一幅图像，或者新建一个空白画布时，【图层】面板中均会自带"背景"图层。可以通过拖入一幅新图像自动创建图层，还可以通过命令或者单击按钮来创建空白图层。执行【图层】|【新建】|【图层】命令（快捷键为 Shift＋Ctrl＋N），或者直接单击【图层】面板底部的【创建新图层】按钮 ，得到空白图层"图层 1"，如图 2-3所示。

图 2-3　创建空白图层

2．复制图层

复制图层得到的是当前图层的副本，在【图层】面板中，执行关联菜单中的【复制图层】命令，或者拖动图层至【创建新图层】按钮 上，如图 2-4 所示，或者直接按快捷键 Ctrl＋J，都可得到与当前图层具有相同属性的副本图层，如果想在复制图层的同时弹出【设置图层】对话框，可以按快捷键 Ctrl＋Alt＋J。

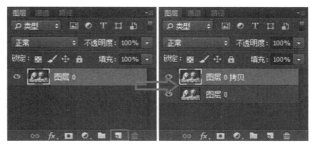

图 2-4　复制图层

3．删除图层

删除图层是将一些不需要的图层从图层面板中删除掉，可以根据个人习惯选择删除方法，可以从图层面板中拖动图层到【垃圾桶】按钮上删除图层，并不需要先选中该层，这是最为常用的删除方法；可以先选中要删除的图层再单击【垃圾桶】按钮，这样会出现一个确认删除的提示；还可以执行【图层】|【删除】|【图层】命令；或者在要删除的图层上右击，选择【删除图层】选项，如图 2-5 所示。

图 2-5　删除图层

4．调整图层顺序

一个设计作品一般都是由多个图层组成的，在实际操作中，很多时候需要调整图层的顺序，以取得更好的效果。调整图层顺序常用的方法有拖动法和菜单法。拖动法就是在需要调整顺序的图层上按住鼠标左键不放，然后将其拖动到需要的某个图层上方或下方即可。菜单法就是先选中要移动的图层，然后执行菜单栏中的【图层】|【排列】|【前

移一层】命令，如图 2-6 所示。除了【前移一层】命令外，后面还有【置为顶层】、【后移一层】、【置为底层】命令，可以根据不同的需要选择不同的命令。也可按快捷键 Ctrl+]，把当前的图层往上移一层；按快捷键 Ctrl+[，把当前的图层往下移一层。

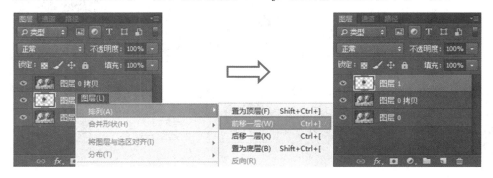

图 2-6　调整图层顺序

5. 链接图层

选中多个图层，单击【图层】面板底部的【链接图层】按钮 即可，如图 2-7 所示，也可以选择图层，右击并选择【链接图层】命令。

提　示

图层链接后，对链接图层中的任意图层进行移动或变换操作，链接图层中的其他图层均同时发生变化。如果想要某个图层脱离链接图层，那么只要选中该图层，单击【链接图层】按钮即可。或者选中该图层并右击，选择【取消图层链接】选项即可。

图 2-7　链接图层

6. 合并与盖印图层

合并图层时，可以选中其中的任意一个图层，然后右击，执行【合并可见图层】命令，即可将所有可见的图层都合并起来。同时也可以选中想要合并的图层，执行【图层】|【合并可见图层】命令，将选中的图层合并。最方便的方式就是按快捷键 Ctrl+E 进行合并。

盖印图层在复制功能的基础上集合了合并功能。当在【图层】面板中同时选中多个图层时，按 Ctrl＋Alt＋E 快捷键能够将选中的图层复制一份，并且将其合并为一个图层，如图 2-8 所示。

图 2-8　盖印选中图层

如果选中任意一个图层，按快捷键 Shift＋Ctrl＋Alt＋E 即可复制所有可见图层，并且合并的图层放置在选中图层的上方。如果只想把单独的几个图层盖印，就需要把其他图层都隐藏。

7. 调整图层不透明度

图层的不透明度直接影响图层中图像的透明效果，设置数值在 0%~100% 之间，数值越大则图像的透明效果越弱，反之则越强。调整图层不透明度的方法是在图层栏上方的【不透明度】中通过更改数值来调整，如图 2-9 所示。

图 2-9　调整图层不透明度

8. 调整填充不透明度

当图层中的图像添加了图层样式，如添加了投影、描边效果等，调整填充不透明度，只更改图像自身的不透明度，投影和描边等样式并不受影响，如图 2-10 所示。这是填充不透明度与图层不透明度不同的地方。

图 2-10　调整填充不透明度

9. 锁定图层

锁定图层可以使全部或部分图层属性不被编辑，如图层的透明区域、图像像素、位置等，可以对图层进行保护，用户可以根据实际需要锁定图层的不同属性。Photoshop 提供了 4 种锁定方式，如图 2-11 所示。

1）锁定透明像素▨

单击该按钮后，图层中的透明区域将不被编辑，而将编辑范围限制在图层的不透明部分。例如，在对图像进行涂抹时，为了保持图像边界的清晰，可以单击该按钮。

2）锁定图像像素✔

单击【锁定图像像素】按钮，则无法对图层中的像素进行修改，包括使用绘图工具进行绘制，及使用色彩调整命令

图 2-11　用于锁定图层

的按钮

等。单击该按钮后，用户只能对图层进行移动和变换操作，也可改变图层不透明度和混合模式，这不属于修改图像的操作，因为图层像素本身并没有被修改，只是更改了表现方式。

3）锁定位置

单击【锁定位置】按钮，图层中的内容将无法移动，锁定后就不必担心被无意中移动了。

4）锁定全部

单击该按钮，可以将图层的所有属性锁定，除了可以复制并放入到图层组中以外，其他一切编辑命令将不能应用到图像中。

2.1.3 图层样式类型

图层样式是应用于一个图层的一种或多种效果。Photoshop 提供了各种效果（如阴影、发光和斜面）来更改图层内容的外观。

在 Photoshop 中执行【图层】|【图层样式】命令，选择该命令中的任何一个样式都可以打开【图层样式】对话框，如图 2-12 所示。在该对话框中，左侧是样式的所有分类，例如投影、斜面与浮雕、渐变叠加等。图层样式可以多项选择，这样效果变化得更多。选项背景为蓝色表明该选项处于工作状态。而中间将出现

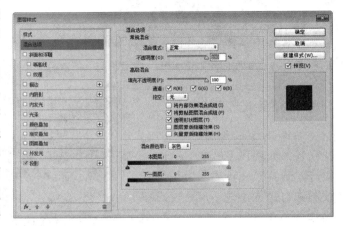

图 2-12　【图层样式】对话框

相应的参数设置，右侧是操作按钮和预览效果。

该对话框左侧列表中的各个选项具体介绍如下。

（1）样式：选择该选项，中间将呈现预设样式，它与【样式】调板功能相同。

（2）混合选项：默认情况下，对话框显示该选项的各个设置选项。

（3）斜面和浮雕：对图层添加高光与阴影的各种组合。

（4）描边：使用颜色、渐变或图案在当前图层上描画对象的轮廓，它对于硬边形状（如文字）特别有用。

（5）内阴影：紧靠在图层内容的边缘内添加阴影，使图层具有凹陷外观。

（6）外发光和内发光：添加从图层内容的外边缘或内边缘发光的效果。

（7）光泽：应用创建光滑光泽的内部阴影。

（8）颜色、渐变和图案叠加：用颜色、渐变或图案填充图层内容。

（9）投影：在图层内容的后面添加阴影。

1. 投影

投影制作是设计者最基础的入门功夫。无论是文字、按钮、边框还是物体，如果加上投影，则会产生立体感，能够加强物体的真实感。

在【图层样式】对话框中启用【投影】选项后，图像的下方会出现一个轮廓和图像相同的"影子"，如图 2-13 所示。

设计者可以在【图层样式】对话框中调整投影样式的参数选项，如图 2-14 所示，从而获得需要的投影效果，如图 2-15 所示。

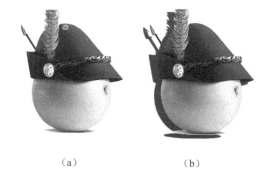

（a）　　　　　　　　　（b）

图 2-13　启用【投影】选项

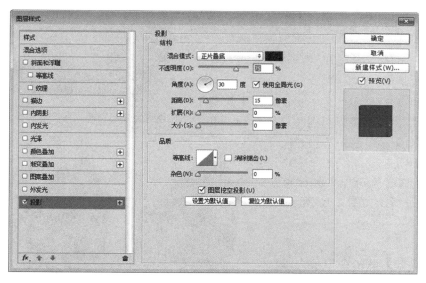

图 2-14　【投影】样式选项

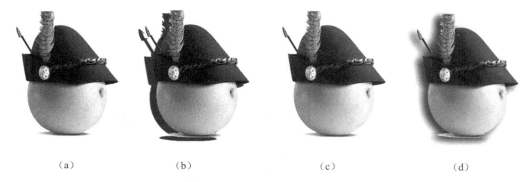

（a）　　　　　（b）　　　　　（c）　　　　　（d）

图 2-15　两种投影效果

投影样式中的各个选项的具体含义和功能介绍如下。

（1）不透明度：设置影子颜色的深浅，参数设置得越大影子颜色越深，反之颜色越浅。

（2）角度：设置投影的方向，如果要进行微调，可以使用右边的编辑框直接输入角度。在 Photoshop 中完全可以摆脱自然界的规律，使投影和光源在同一个方向，这样就可以满足不同的设计需要。

（3）使用全局光：也是设置投影角度的一个重要选项。如果启用【使用全局光】选项，那么所有图层中图像的投影都朝着一个方向，调整任意一个图像投影的角度，那么其他图像的投影也会改变为相同的角度。反之如果禁用【使用全局光】选项，那么调整该图像中的投影，其他图像的投影不会改变。

（4）距离：设置影子和图像之间的距离，参数越大影子距离图像越远，表明图像距离地面越高，反之图像距离地面越近，参数为 0 时表明图像紧挨着地面。

（5）大小：设置影子的模糊大小，参数越大影子越模糊，光线越柔和，反之影子越清晰光线越强烈。

（6）杂色：对阴影部分添加随机的杂点，这些杂点在一些效果表现中起着很重要的作用。

在设计网页时，经常有展示图片的页面，如果只是为图片添加默认的投影样式，会显得图片过于单调。可以在给图片添加投影效果后，选中图层，执行【图层】|【图层样式】|【创建图层】命令将投影与所在图层分离，这样就可以单独调整投影，方便设计工作的进行，如图 2-16 所示。

图 2-16 创建投影图层

2．内阴影

【内阴影】和【投影】效果在原理上是一样的，只是投影效果可以理解为一个光源照射平面对象产生的效果，而【内阴影】则可以理解为光源照射球体时产生的效果。内阴影效果一般是在对象、文本或形状的内边缘进行添加，让图层产生一种凹陷效果。内阴影的效果如图 2-17 所示。

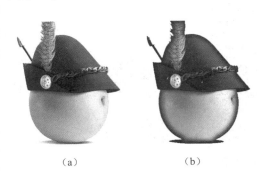

（a）　　　　　　　　　　（b）

图 2-17 内阴影效果

3．外发光

【外发光】是为图像边缘的外部添加发光效果，是一个比较简单的样式效果，其各参数面板如图 2-18 所示。添加了【外发光】效果的层如同下面多出了一个层，这个假想

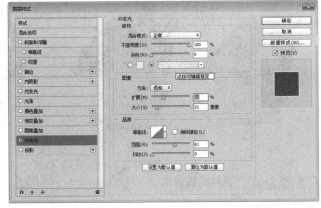

图 2-18 【外发光】样式选项

层的填充范围比上面的略大，从而产生层的外侧边缘"发光"的效果，如图2-19所示。

外发光样式中的各个选项的具体含义和功能介绍如下。

（1）混合模式：包括正片叠底、变亮、强光、差值、色相等二十多种模式，外发光效果如同在层的下面多出了一个层，混合模式将影响这个层和下面的层之间的混合关系。

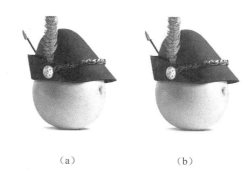

图 2-19　外发光效果

（2）不透明度：设置的是外发光的透明度，光芒一般不会是不透明的，因此这个选项要设置小于 100%的值。光线越强（越刺眼），应当将其不透明度设置得越大。

（3）杂色：用来为外放光部分添加随机的透明点。杂色的效果和将混合模式设置为【溶解】产生的效果有些类似，但是【溶解】不能进行微调，因此要制作细致的效果还是要使用"杂色"。

（4）颜色和渐变色：外发光的颜色可以通过单选框选择【单色】或者【渐变色】。即便选择【单色】，光芒的效果也是渐变的，不过是渐变至透明而已；如果选择【渐变色】，可以打开【渐变编辑器】对渐变色进行随意设置。

（5）方法：包含两个设置选项，分别是【柔和】与【精确】，一般用【柔和】就足够了，【精确】用于一些发光较强的对象，或者棱角分明反光效果比较明显的对象。

（6）扩展：用于设置光芒中有颜色的区域和完全透明的区域之间的渐变速度。它的设置效果和颜色中的渐变设置以及下面的大小设置都有直接的关系，三个选项是相辅相成的。扩展设置越大，外发光的不透明区域越少。

（7）大小：设置光芒的延伸范围，不过其最终的效果和颜色渐变的设置是相关的。

（8）范围：用来设置等高线对光芒的作用范围，也就是说对等高线进行"缩放"，截取其中的一部分作用于光芒上。当我们需要特别陡峭或者特别平缓的等高线时，使用【范围】对等高线进行调整可以更加精确。

（9）抖动：用来为光芒添加随意的颜色点，为了使【抖动】的效果能够显示出来，光芒至少应该有两种颜色。

4．内发光

【内发光】是在图像的内部添加发光效果。其使用原理和方法和外发光效果差不多，只是得出的效果正好相反，如图2-20所示。

【内发光】选项卡内的各项参数的含义和外发光的大部分都是一样的，存在少量的差异，介绍如下。

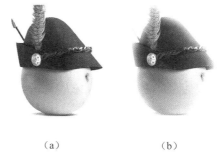

图 2-20　内发光效果

（1）源：包括【居中】和【边缘】两个单选按钮，【边缘】就是说光源在对象的边缘处。如果选择【居中】选项，光源则转移到对象的中心，也可以将其理解为光源和介质的颜色调换了一下。

（2）阻塞：【阻塞】的设置值和【大小】的设置值相互作用，用来影响【大小】的范围内光线的渐变速度。

5. 斜面和浮雕

【斜面和浮雕】可以说是Photoshop 图层样式中最复杂的一种样式，如图 2-21 所示。虽然设置的选项比较多，可能对于初学者来

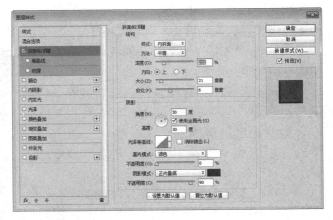

图 2-21　【斜面和浮雕】样式选项

说有点困难，不过只要对每个选项单独进行练习、理解，相信很快可以学以致用，并且制作出满意的作品。

注 释

单击左侧列表中的【斜面和浮雕】样式，启用并且使其处于工作状态后，其中的参数就已经具有默认值。

其中，各个选项的含义和功能介绍如下。

（1）样式：【样式】是【斜面和浮雕】的第一个选项，其中有 5 种样式，包括【外斜面】【内斜面】【浮雕效果】【枕状浮雕】和【描边浮雕】，可供用户选择使用，这 5 种样式各有特点，可以制作出不同的立体效果。

（2）方法：【方法】和【样式】的使用方法一样，【方法】中的选项只有三个，即【平滑】【雕刻清晰】和【雕刻柔和】。【方法】比较适合于表现有棱有角的立体效果。

（3）阴影：包括角度、高度、光泽等高线、高光和阴影等选项，这些选项可以使浮雕效果更加精致。

（4）等高线：【斜面和浮雕】样式中的等高线容易让人混淆，除了右侧的【光泽等高线】设置外，在左侧菜单中也有【等高线】设置。其实仔细比较一下就可以发现，【光泽等高线】中的设置只会影响"虚拟"的高光层和阴影层。而左侧菜单中的等高线则用来为对象（图层）本身赋予条纹状效果，通过调整【范围】选项来设置平滑度。

（5）纹理：【纹理】用来为图像添加材质，其设置比较简单。首先启用【纹理】选项，然后根据设计需要设置纹理参数。常用的选项包括缩放（对纹理贴图进行缩放）、深度（修改纹理贴图的对比度，深度越大，对比度越大，层表面的凹凸感越强，反之凹凸感越弱）、反向（将层表面的凹凸部分对调）、与图层连接（选择这个选项可以保证图像移动或者进行缩放操作时纹理随之移动和缩放）。

图 2-22　浮雕效果方框

在网页中经常采用【斜面与浮雕】样式制作浮雕方框，这样可以使图片呈现镶嵌的效果，如图 2-22 所示。

6. 光泽

【光泽】用来在层的上方添加一个波浪形
（或者绸缎）效果。它的选项虽然不多，但是很
难准确把握，有时候设置值微小的差别都会使
效果产生很大的区别。我们可以将光泽效果理
解为光线照射下的反光度比较高的波浪形表面
（例如水面）显示出来的效果，其添加效果如图
2-23 所示。

图 2-23 光泽效果

总的来说，【光泽】无非就是两组光环的交叠，但是由于光环的数量、距离以及交
叠设置的灵活性非常大，制作的效果相当复杂，这也是光泽样式经常被用来制作绸缎或
者水波效果的原因——这些对象的表面非常不规则，因此反光比较零乱。

7. 颜色叠加

【颜色叠加】是一个既简单又实用的样式，它
在图像上叠加一种纯色，相当于为图像着色。【图
层样式】对话框中的参数非常简单，只有【混合模
式】【颜色】和【不透明度】参数。如图 2-24 所示
为添加该样式的前后对比效果。

图 2-24 颜色叠加效果

> **警 告**
>
> 在使用【颜色叠加】样式时，要注意其【混合模式】
> 和【不透明度】的设置，这样会使其产生不同的
> 效果。

8. 渐变叠加

【渐变叠加】样式和【颜色叠加】样式的
原理完全一样，只不过覆盖图像的颜色是渐变
色而不是纯色。

【渐变叠加】样式相比【颜色叠加】样式
多出【渐变】、【样式】、【角度】、【缩放】等设置选
项。通过【渐变叠加】样式制作的效果如图 2-25
所示。

图 2-25 渐变叠加效果

9. 图案叠加

【图案叠加】样式与前面两种叠加样式类似，
只不过叠加的是图案。设置不同的混合模式，调整
图案的大小缩放，即可获得不同的效果。【图案叠
加】样式的效果如图 2-26 所示。

其实与【图案叠加】样式真正类似的是【填充】

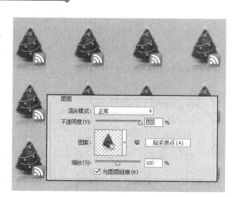

图 2-26 图案叠加效果

命令中的【图案】选项。但【图案叠加】样式更灵活、更便于修改，尤其像【缩放】和单击文档中叠加的图案可以进行随意拖动等这些功能是【填充】功能无法比拟的，如图 2-27 所示。

单击图案右侧的三角形下拉按钮，展开 Photoshop CC【图案拾色器】下拉列表框，在该列表框中可以选择图案。也可以单击列表框右上角的 🔧· 按钮，从弹出的列表中载入或添加图案。

图 2-27　改变图案位置

技　巧

在【图层样式】对话框中设置【图案叠加】或者【渐变叠加】样式的同时，可以在画布中直接用鼠标移动图案或者渐变颜色的位置。

10. 描边

在网页图像设计过程中，【描边】样式具有突出主体的效果。启用【描边】选项，在其右侧的对应选项中，可设置描边的大小、位置、混合模式、不透明度、填充类型等。如图 2-28 所示为对文字设置描边的效果。

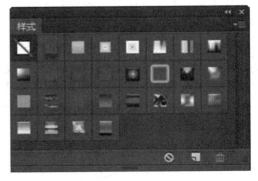

图 2-28　描边效果

2.1.4　图层样式编辑和应用

图像或文字添加图层样式后，可以根据需要随时进行编辑调整，包括改变样式效果、修改参数、复制和转移样式等。

1. 调整样式

在图层面板中，双击需要调整的效果名称即可打开【图层样式】对话框中相应的样式选项。修改选项参数，可调整当前样式效果。如果在对话框左侧取消选中【样式】复选框，则可以隐藏当前样式效果。

2. 应用预设样式

PhotoshopCC 自带了多种预设样式，可供用户进行选择，这些样式都已经设置好了各项参数。用户可以直接执行【窗口】|【样式】命令，调出【样式】面板，如图 2-29 所示，直接单击选择其中的样式即可应用在当前图层上。

图 2-29　样式面板

预设样式也就相当于模板样式，可以极大地方便用户的使用，提高工作效率，设计者可以进行预设样式的载入、创建和删除。

1）载入样式

单击【样式】面板右上角的三角形下拉按钮，从弹出的如图 2-30 所示的下拉菜单中选择需要的样式名，即可将其载入到【样式】面板中。

2）新建样式

当设计者设计出一个效果比较满意的样式时，可以将其保存为新的样式，方法是单击【样式】面板右下角的【创建新样式】按钮，弹出【新建样式】对话框，在名称一栏中输入创建的样式名字，单击【确定】按钮即可。

3）删除样式

选择好相应的预设样式将其拖到【删除】按钮上松开，便可以删除掉不需要的样式。

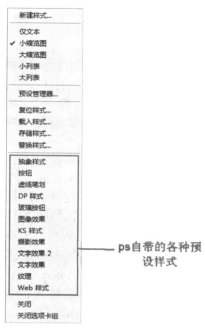

ps自带的各种预设样式

图 2-30　预设样式下拉菜单

3．显示和隐藏样式

Photoshop CC 中图层样式和图层一样，同样可以设置为隐藏或显示状态，其方法和隐藏、显示图层的方法相同。如图 2-31 所示为图层样式的显示与隐藏。也可以执行【图层】|【图层样式】|【隐藏所有效果】或【显示所有效果】命令来隐藏或显示图层样式。

4．复制和转移样式

如果要重复使用一个已经设置好的样式，可以执行【图层】|【图层样式】|【拷贝图层样式】和【粘贴图层样式】命令来实现，不过此方法只能用于拷贝一个图层的所有样式，而不能用来拷贝某一个样式。如果只需要复制某个样式，应该按住 Alt 键在图层面板中拖动这个样式的图标，将其拖曳到其他图层上，即可将设置好的样式复制应用到其他图层。

如果只是样式的转移，则只需要将图层样式拖曳到其他图层上即可实现，如图 2-32 所示。

（a）显示样式　　　　（b）隐藏样式

图 2-31　显示/隐藏图层样式

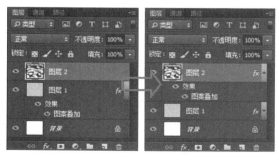

图 2-32　转移图层样式

5．删除样式

对不满意的样式效果可以删除。在所要删除图层样式的图层上右击，选择【清除图层样式】命令，或者执行【图层】|【图层样式】|【清除图层样式】命令，即可删除样式。这两种方法都会删除图层中应用的所有样式。

如果要删除某个样式，则可以将所要删除的样式拖曳到图层面板底部的垃圾桶上。此方法也可以删除所有图层样式，具体操作是将【效果】拖曳到垃圾桶上，如图2-33所示。

图 2-33　删除图层样式

6．缩放样式

很多人都会用到 Photoshop 的图层样式，但很少有人会用到图层样式的缩放效果。使用 Photoshop 图层样式中的"缩放效果"命令，可以

图 2-34　【缩放图层效果】对话框

同时缩放图层样式中的各种效果，而不会缩放应用了图层样式的对象。当对一个图层应用了多种图层样式时，"缩放效果"则更能发挥其独特的作用。"缩放效果"是对这些图层样式同时起作用，能够省去单独调整每一种图层样式的麻烦，提高设计的工作效率。

选中要进行缩放样式的图层，执行【图层】|【图层样式】|【缩放效果】命令，可以打开如图2-34所示的【缩放图层效果】对话框。在【缩放】文本框中输入缩放的比例，或者单击向右箭头，使用滑块进行调整，即可缩放样式效果。由于默认情况下选中了【预览】复选框，所以使用滑块调整时可以实时观察到图层样式的变化情况。

2.1.5　图层混合模式

Photoshop 中的图层混合模式对网页图像的融合起着至关重要的作用。无论是位图还是矢量图，均能够通过混合模式进行混合。

1．混合模式简介

混合模式决定了当前图层与下方可见图层的合成方式，不同的混合模式得到不同的图像合成效果。

混合模式在图像处理中主要用于调整颜色和混合图像。混合图像，主要在两个不同图像的图层之间进行；调整颜色，主要在原图层与其副本图层之间进行。

2．混合模式分类

图层混合模式多达 25 种。在【图层】面板中，单击【正常】选项右边的三角按钮即可选择。在这众多的混合选项中，又可以分成 6 大类，如图 2-35 所示。

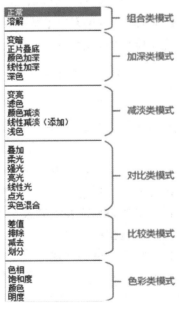

图 2-35　混合模式类型

在所有混合模式中，有些是针对暗色调的图像混合，有些是针对亮色调的图像混合，有些则是针对图像中的色彩进行混合。无论是何种方式的混合，均会将两个或者多个图像融合为一幅图像。

例如，对比模式中的混合选项。此类模式实际上是能够在加亮一个区域的同时又使另一个区域变暗，从而增加下面图像的对比度。该类型模式主要包括【叠加】模式、【柔光】模式、【强光】模式、【亮光】模式、【线性光】模式、【点光】模式和【实色混合】模式，如表 2-2 所示。

表 2-2 对比类模式中的各混合模式效果

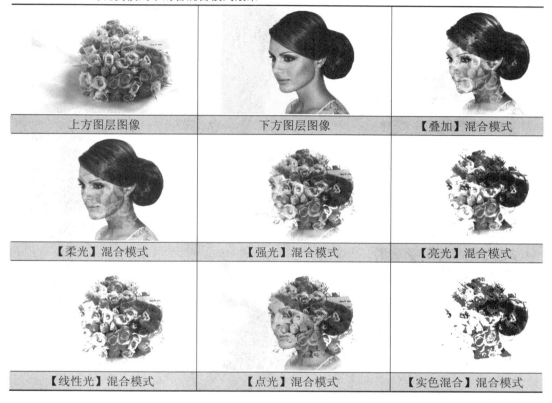

上方图层图像	下方图层图像	【叠加】混合模式
【柔光】混合模式	【强光】混合模式	【亮光】混合模式
【线性光】混合模式	【点光】混合模式	【实色混合】混合模式

3. 常用混合模式

在混合模式效果中，会有一些我们在设计工作中经常使用的混合模式，这些模式包括【正常】、【正片叠底】、【柔光】、【叠加】、【滤色】、【强光】、【颜色】等，下面我们来介绍一下这些模式的含义和功能。

（1）正常：是默认的图层模式，不和其他图层发生任何混合。

（2）正片叠底：特点是可以使当前图像中的白色完全消失，另外，除白色以外的其他区域都会使底层图像变暗。无论是在图层间的混合还是在图层样式中，正片叠底都是最常用的一种混合模式。

（3）滤色：特点是可以使图像产生漂白的效果，滤色模式与正片叠底模式产生的效果相反。

（4）柔光：变暗还是提亮画面颜色，取决于上层颜色信息，如果上层颜色亮度高于

50%灰，底层会被照亮（变淡）；如果上层颜色亮度低于 50%灰，底层会变暗；如果上层颜色亮度等于 50%灰，则该颜色完全透明，底层保持原样不变。如果直接使用黑色或白色去进行混合的话，能产生明显的变暗或者提亮效果，但是不会让覆盖区域产生纯黑或者纯白。

（5）叠加：与柔光类似，但作用强度高于柔光。

（6）强光：特点是可增加图像的对比度，它相当于正片叠底和滤色的组合。如果上层颜色比 50% 灰色亮，则底层图像变亮；如果上层颜色比 50% 灰色暗，则底层图像变暗。与柔光不同的是，如果直接使用黑色或白色去进行混合的话，会直接覆盖底图，产生纯黑或者纯白。

（7）颜色：特点是可将当前图像的颜色应用到底层图像上，并大致保持底层图像的亮度。

以上模式的效果图如表 2-3 所示。

表 2-3　常用混合模式效果

2.2　选区与填充

在 Photoshop CC 软件中处理图像离不开选区的存在，在只需要处理图像的局部区域必须创建选区，以保护选区以外的图像不受编辑工具和命令的影响。而填充是对选区的一种常见的编辑方式。填充的方式有多种，例如用快捷键填充、用【填充】命令填充等。

2.2.1 认识选区

在使用 Photoshop CC 编辑处理图像时，可以使用不同的工具创建出不同形状的选区，再对所创建的选区进行编辑。

1．选择区域和蒙版区域

选择区域就是设计者根据自己的需要将图片中所需要的部分进行选取后得到的区域，这样可以对其他非选择区域进行保护，或者方便选择区域的编辑加工，一般都是利用 Photoshop CC 提供的各种选择工具对各个区域进行不同形式的选择。

蒙版区域就是选框的外部（选框的内部就是选区），是受到保护的区域。

执行【选择】|【方向】命令，或者按快捷键 Shift+Ctrl+I 可以实现两个区域的互换，如图 2-36 所示。

（a）反选前

（b）反选后

图 2-36　反选前后

2．创建选区的工具与命令

在 Photoshop 中有多种用来创建选区的工具，主要包括套索工具、多边形套索工具、磁性套索工具、矩形选框工具、椭圆选框工具、快速选择工具、魔棒工具以及颜色选区命令。

与选区相关的命令有扩大选区、选择相似、缩小选择、羽化、平滑、收缩以及正确使用容差和消除锯齿等；可以使用钢笔工具和磁性钢笔工具以及自由钢笔工具来创建选区，并且创建和输出裁剪路径。各项工具如图 2-37 所示。

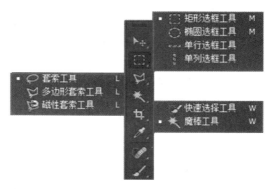

图 2-37　创建选区的工具

常用选区工具的用法如表 2-4 所示。

表 2-4　常用选区工具

工 具 名 称	用 法	效 果
矩形选框工具	直接拖动，新建长方形选区	
	按住 Shift 新建，创建正方形选区	
椭圆选框工具	直接拖动，新建椭圆选区	
	按住 Shift 新建，创建正圆选区	
单行选框工具	直接单击鼠标，创建 1 像素高的通栏选区	
单列选框工具	直接单击鼠标，创建 1 像素宽的通栏选区	
套索工具	按住鼠标左键在屏幕中拖动鼠标，回到起点时释放鼠标形成随意形状的选区	
多边形套索工具	单击鼠标，拖曳鼠标到另一点单击鼠标，定义一条直线。直到在"开始处"的点上单击完成整个选取框定义	
磁性套索工具	按住鼠标在图像附近拖拉，Photoshop 会自动将选取边界吸附到交界上，当鼠标回到起点时形成一个封闭的选区	

2.2.2　编辑选区

在使用 Photoshop CC 编辑处理图像时，选区的创建是必要的，在选区的基础上可以使用不同的工具对选区进行编辑，基本的操作包括移动、取消、隐藏/显示、羽化、变换等。

1．选区基本操作

选区建立后，可以进行移动、取消、隐藏/显示、羽化、变换等操作。

1）移动选区

选择移动工具，直接对选区进行拖曳，即可以移动选区。

2）取消选区

按快捷键 Ctrl+D 可以取消选区。

3）显示/隐藏选区

已有选区后，按快捷键 Ctrl+H 可以隐藏或显示选区。

4）羽化选区

羽化可让选区内外衔接的部分虚化，起到渐变的作用，从而达到自然衔接的效果。在设计者作图过程中，具体的羽化值完全取决于经验。羽化值越大，虚化范围越宽，也就是说颜色递变得越柔和，羽化值越小，虚化范围越窄。可根据实际情况进行调节。把羽化值设置小一点，反复羽化是羽化的一个技巧。

现在使用【椭圆选框工具】将【羽化】选项设为 0 和 10，依次创建出两个正圆选区，然后填充为蓝色，不要取消选区，效果如图 2-38 所示。

（a）羽化半径为0　　　　（b）羽化半径为10

图 2-38　不同羽化值效果

执行【选择】|【修改】|【羽化】命令，或者在选区中右击选择【羽化】命令，在弹出的【羽化选区】对话框中修改羽化半径的数值，可以对已有选区进行羽化。

5）变换选区

选区也可以变换，但不能直接按快捷键 Ctrl+T，而是执行【选择】|【变换选区】命令。执行命令后，选区上出现变换框，如图 2-39 所示。拖动变换框，可以缩放、旋转、扭曲选区，调整好后，按 Enter 键即可。

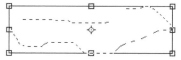

图 2-39　变换选区

2．选区布尔运算

布尔运算是处理二值之间关系的逻辑数学计算法，包括联合、相交、相减。在图形处理操作中引用了这种逻辑运算方法以使简单的基本图形组合产生新的形体。

在 Photoshop 的工具箱中所有和选区相关的工具，它们的属性栏必然有如图 2-40 所示的 4 种属性，即【新选区】、【添加到选区】、【从选区减去】和【与选区交叉】四个属性项，那么这 4 项就是选区的布尔运算。这 4 项属性的具体功能介绍如下。

（1）新选区：屏幕上只保持一个新建的选区。如果已有选区，在新建选区状态

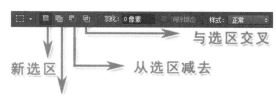

图 2-40　布尔运算模式

下，原来的选区会自动被取消。

（2）添加到选区：在此状态下，可以不断地添加选区到已有选区中。

（3）从选区减去：在此状态下，可以在原有选区的基础上减去新的选区。

（4）与选区交叉：在此状态下，在已有选区后再创建选区时，只有两个选区相交的部分会保留下来形成一个新的选区。

2.2.3 纯色填充和渐变色填充

在 Photoshop 中可以填充图层或者选区。填充的方式有多种，例如用快捷键填充，用【填充】命令填充等。填充的内容也有多种，包括纯色填充、渐变色填充、图案填充、内容识别填充等，最常见的是前三种。

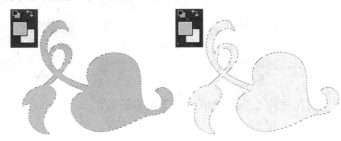

1．纯色填充

最简便的纯色填充方法是利用快捷键填充。按快捷键 Ctrl+Delete，可以填充背景色；按快捷键 Alt+Delete，可以填充前景色，如图 2-41 所示。

（a）前景色填充　　　　　（b）背景色填充

图 2-41　纯色填充

2．渐变色填充

渐变填充需要使用渐变工具▇。在工具箱中选取【渐变工具】▇后，其工具属性栏如图 2-42 所示。

▇▼ ▇▇▇▇▼ ▇ ▇ ▇ ▇ ▇　模式：正常　　不透明度：100%▼ □反向 ✓仿色 ✓透明区域

图 2-42　【渐变工具】属性栏

下面对属性栏中常用的参数进行介绍。

（1）▇▇▇▇：单击下拉按钮可以选择渐变颜色样式。

（2）渐变类型：▇是线性渐变，效果如图 2-43 所示；▇表示径向渐变，效果如图 2-44 所示；▇表示角度渐变，效果如图 2-45 所示；▇表示对称渐变，效果如图 2-46 所示；▇表示菱形渐变，效果如图 2-47 所示。

图 2-43　线性渐变

图 2-44　径向渐变

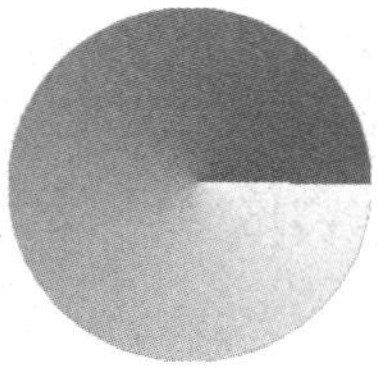

图 2-45　角度渐变

图 2-46 对称渐变

图 2-47 菱形渐变

（3）模式：用于设置应用渐变时图像的混合模式。

（4）不透明度：可设置渐变时填充颜色的不透明度。

（5）反向：勾选此选项后，产生的渐变颜色将与设置的渐变相反。如图 2-48 所示为渐变效果，勾选【反向】后，效果如图 2-49 所示。

图 2-48 渐变效果

图 2-49 反向效果

2.2.4 图案填充

利用【填充】对话框可以实现图案填充。执行【编辑】|【填充】命令，或者按快捷键 Shift+F5，弹出如图 2-50 所示的【填充】对话框。在【内容】选项组中将【使用】选项设置为图案，然后在【自定图案】下拉列表框中选择一种图案，单击【确定】按钮即可完成图案填充，效果如图 2-51 所示。

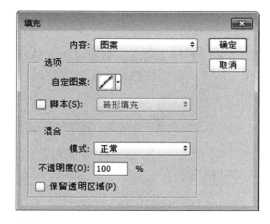

图 2-50 【填充】对话框

图 2-51 图案填充

2.3 文字与路径

文字是对图像的升华和点睛，在用 Photoshop 软件制作平面作品时，文字是必不可少的，不是说"一个成功的广告少不了一句精辟的广告语吗"。路径是在网页制作过程中经常用到的，读者可以利用路径制作复杂的形状，或用来抠图。

2.3.1 创建文字

Photoshop 提供了 4 种文字工具，即横排文字工具、直排文字工具、横排文字蒙版工具、直排文字蒙版工具。我们可以利用这些文字工具创建并编辑文字。

图 2-52 点文字输入

1．点文字

选择【横排文字工具】或【直排文字工具】，直接在屏幕上单击，出现输入光标，即可输入文字，如图 2-52 所示。这种状态下输入的文字不会自动提行，需要按回车键才能提行，因此被称为点文字。输入的文字会自动生成一个文字图层。

2．段落文字

选择【横排文字工具】或【直排文字工具】，在屏幕上拖动鼠标创建一个文本框，出现输入光标，即可输入文字，如图 2-53 所示。这种状态下输入的文字会自动提行，因此被称为段落文字。

图 2-53 段落文字输入

2.3.2 文字编辑

输入文字后，可以通过文字工具的属性栏，或【字符】和【段落】面板对文字进行编辑。编辑完毕的文字，可以对其栅格化从而转化为图像。文字栅格化后无法继续进行文字编辑操作。

1．利用文字工具属性栏编辑文字

文字工具属性栏如图 2-54 所示。

图 2-54 文字工具属性栏

将文字选中（抹黑），即可更改其字体、字号、颜色等，如图 2-55 所示。

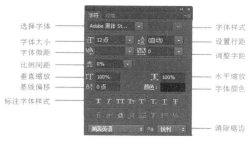

（a）原文字　　　　　　　　　　　（b）改字体

小伙伴们都**惊呆**了　　　　　小伙伴们都**惊呆**了

（c）改字号　　　　　　　　　　　（d）改颜色

◢ **图 2-55** 编辑文字

2．用【字符】和【段落】面板编辑文字

单击属性栏中的【切换字符和段落面板】按钮▦，或执行【文字】|【面板】|【字符面板】，即可打开【字符】面板和【段落】面板，如图 2-56 和图 2-57 所示。

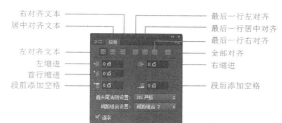

◢ **图 2-56** 【字符】面板　　　　　　◢ **图 2-57** 【段落】面板

选中文字或者段落，在面板中修改需要调整的参数或者单击相应的按钮即可编辑文字。其具体过程类似 Word 对文字的编辑，在此不再赘述。

3．文字栅格化

在图层面板文字图层上右击，从弹出的快捷菜单中选择【栅格化文字】命令，即可将文字图层转化为普通图层，如图 2-58 所示。这时文字变成了图像，无法继续进行文字编辑。

（a）栅格化前　　　　　　　　　　（b）栅格化后

◢ **图 2-58** 文字栅格化

2.3.3　创建与编辑沿路径排列文字

在 Photoshop 中还可以创建沿指定线排列的文字，称为路径文字。本节我们学习创建和编辑沿路径排列文字。

1．创建沿路径排列的文字

使用【钢笔工具】或【形状工具】创建路径后，使用文字工具可以沿路径轮廓输入文字，也可以将封闭路径作为文本框输入文字，使文字产生特殊的排列效果，如图 2-59 所示。

2．编辑路径排列文字

对沿线排列的文字进行调整，可用直接路径选择工具进行拖动，调整文字在路径上的位置，利用【字符】面板可以调整文字相对路径的偏移距离，如图 2-60 所示。

图 2-59　路径文字

（a）原图　　　　　　　　　　（b）移动文字到路径右端

（c）文字到在路径下方反向排列　　　（d）文字偏移路径 5 点

图 2-60　调整路径文字

2.3.4　认识路径

路径经常用来设计网页中的不规则形状，或者是利用路径抠图，是深入编辑图像的重要工具。

1．路径与路径面板

【路径】是 Photoshop 中的重要工具，其主要用于抠图、绘制光滑和精细的图形、定义画笔等工具的绘制轨迹、输出输入路径和在选择区域之间转换。

路径指以贝塞尔曲线为理论基础的区域绘制方式绘制时产生的线条，由一个或多个直线段或曲线段组成。线段的起始点和结束点由锚点标记，通过编辑路径的锚点，可以改变路径的形状。路径可以是开放的，也可以是闭合的。如图 2-61 所示为一条开放路径。

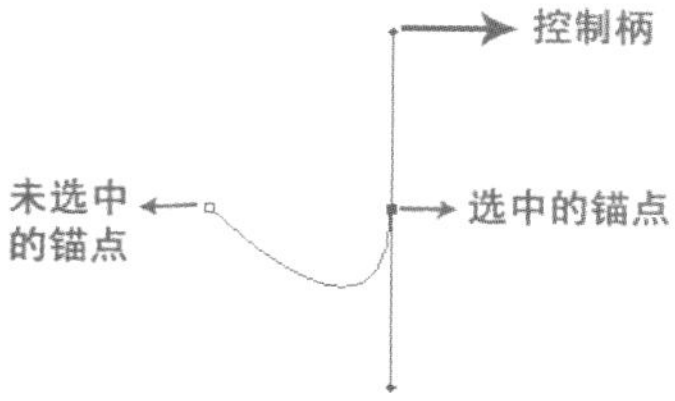

【路径】面板是编辑路径的一个重要操作窗口，显示在 Photoshop 画布中创建的路径信息。利用【路径】面板可以像利用【图层】面板管理图层一样，实现对路径的显示、隐藏和其他例如复制、删除、描边、填充和剪贴输出等操作。执行【窗口】|【路径】命令可以打开如图2-62 所示的【路径】面板。

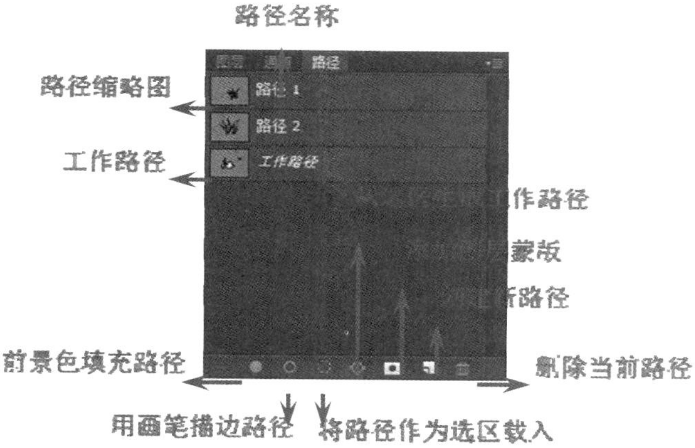

面板中的选项如下分别介绍。

（1）路径缩览图：通过【路径】面板中的缩览图可以浏览在画布中创建的每一条路径的形状。

图 2-61　开放路径

图 2-62　【路径】面板

（2）路径名称：区分【路径】面板中路径缩览图的名称。Photoshop 默认的第 1 个路径名称为工作路径，然后依次为路径 1、路径 2……。需要更改路径名称时，双击【路径】面板中的路径名称即可更改。

（3）工作路径：在【路径】面板中以蓝色显示的路径为工作路径。在 Photoshop 中，所有编辑名称只对当前工作路径有效，并且只能有一个工作路径。

（4）前景色填充路径：单击该按钮可以在显示路径的同时填充前景色。

（5）用画笔描边路径：单击该按钮可以在显示路径的同时以前景色描边路径。

（6）将路径作为选区载入：单击该按钮可将路径转换为选区，画布中不显示路径，但是在【路径】面板中保存路径。

（7）从选区生成工作路径：创建选区后单击该按钮，画布中的选区转换为路径，原选区消失。

（8）创建新路径：单击该按钮创建的新路径名称为"路径 1"。

（9）删除当前路径：单击该按钮删除的是选中的路径。

（10）路径面板菜单：编辑路径的命令菜单。单击【路径】面板右上角的三角形按

钮可以打开该菜单，菜单中的某些命令
与面板中的选项重复。

2．创建路径的工具

Photoshop 中的路径工具包括可以创
建路径的贝塞尔路径工具和形状路径工
具，以及用于选择路径的路径选择工具。
这些工具在 Photoshop 的工具箱中可以
看到，如图 2-63 所示，其功能如表 2-5
所示。

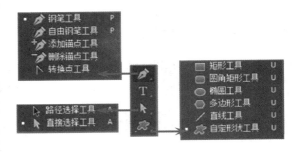

图 2-63　路径选择工具

表 2-5　Photoshop 中的路径选择工具及其作用

类　别	名　称	图标	作　用
贝塞尔路径工具	钢笔工具	✏	绘制由多个连接而成的贝赛尔曲线
	自由钢笔工具	✏	可以自由手绘形状路径
形状路径工具	矩形工具	▢	创建矩形路径
	圆角矩形工具	▢	创建圆角矩形路径
	椭圆工具	⬭	创建椭圆路径
	多边形工具	⬡	创建多边形或者星形路径
	直线工具	/	创建直线或者箭头路径
	自定形状工具	♣	利用 Photoshop 自带形状绘制路径
选择路径工具	路径选择工具	▸	选择并且移动整个路径
	直接选择工具	▸	选择并且调整路径中节点的位置
调整路径工具	添加锚点工具	✏⁺	在原有路径上添加节点以满足调整编辑路径的需要
	删除锚点工具	✏⁻	删除路径中多余的节点以适应路径的编辑
	转换点工具	⬈	转换路径节点的属性

2.3.5　创建与调整路径

对于边缘复杂的图像，路径工具是最好的选取工具。通过路径能够进行光滑图像选
择区域及辅助抠图，绘制光滑线条，定义画笔等工具的绘制轨迹，输出输入路径及和选
择区域之间转换等。

1．创建自由路径

路径工具组中，用来绘制自由路径的包括【钢笔工具】和【自由钢笔工具】，【钢笔
工具】可以绘制具有最高精度的图像，是最常用的路径描点定义工具。【钢笔工具】可以
绘制任意形状的贝塞尔曲线。使用该工具在图像中单击并拖动鼠标可创建平滑点，拖动
时可以调整控制柄的长度和方向，可生成平滑曲线。使用【钢笔工具】创建平滑点后，
光标在该点显示为 ✎，按住 Alt 键光标变为 ✎ 时在该点单击，可将平滑点变为角点，变
成角点后可将其调整为直线路径或尖锐的曲线路径，如图 2-64 所示。

（a）　　　　　　　　　　　（b）　　　　　　　　　　　（c）

◎ **图 2-64** 绘制曲线路径

2．创建形状路径

对于一些简单的图案，可以使用路径工具组中的自定形状工具。使用这些工具可以方便地绘制出基本的矢量形状图层。这些绘制工具包括矩形工具、圆角矩形工具、椭圆工具、多边形工具、直线工具、自定义形状工具，创建的各形状路径效果如图 2-65 所示。

（a）　　　　　　　　　　　（b）　　　　　　　　　　　（c）

◎ **图 2-65** 各种形状路径

3．调整路径

对于较为复杂的图像，需要不断地调整路径达到最终目的，可以通过添加或删除锚点、转换锚点、复制路径、剪切路径等操作来调整路径。使用【路径选择工具】在路径上单击选中路径，能对其进行移动等操作；使用【直接选择工具】在锚点上单击会显示锚点处的控制柄，可通过移动锚点的位置和拖拉控制柄来调整路径，如图 2-66 所示。

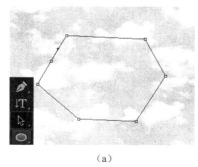 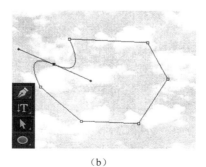

（a）　　　　　　　　　　　　　　　　　（b）

◎ **图 2-66** 选择路径和调整路径

使用【添加锚点工具】时，当鼠标放在路径上变成 ▸.时，单击鼠标可添加锚点；选择【删除锚点工具】，将鼠标放在锚点上鼠标变成 ▸_时，单击可删除该锚点，如图 2-67 所示。

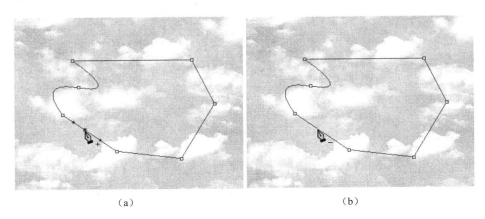

（a）　　　　　　　　　　　　（b）

◖ **图 2-67**　添加和删除锚点

【转换点工具】可将曲线段与直线段相互转换，使用此工具在平滑点上单击可将该锚点转换为角点、曲线段转换为直线段。在直线段的角点上单击并拖动出控制柄可将直线段转换为曲线段，如图 2-68 所示。

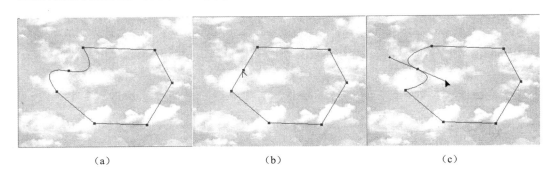

（a）　　　　　　　　　　（b）　　　　　　　　　　（c）

◖ **图 2-68**　锚点转换为角点和直线段转换为曲线段

当建立路径后，要想永久性保存该路径，需要双击【工作路径】，并且更改路径名称，即可将路径转换为永久路径。

在实际应用中，使用【路径选择工具】选中路径，按住 Alt 键并拖动鼠标可以复制该路径。同时，当存储了多个路径时，只能查看当前选择的路径。需要查看多个路径时，需要选中一个路径，按住 Ctrl+X 快捷键剪切路径，然后选择另一个路径，按住 Ctrl+V 快捷键将剪切的路径粘贴到当前路径上，即可同时查看多个路径。

在实际操作时，需要将路径转换为选区进行各项操作，可以选择所要编辑的路径，然后单击【路径】面板中的【将路径作为选区载入】按钮或者按 Ctrl+Enter 快捷键将路径转换为选区，如图 2-69 所示。

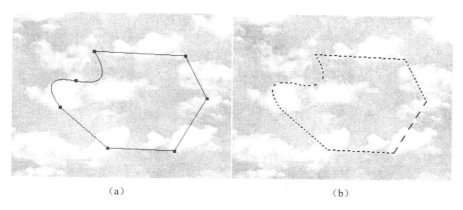

（a）   （b）

图 2-69　将路径转换为选区

2.3.6　路径的描边和填充

路径和选区一样，在最终的设计成品中是不予显示的，需要对路径进行加工，才能看见相应的效果，描边路径就是将线条、图案等沿着路径轨迹显示，以实体化的方式将路径表现出来的一种常用的路径应用方式。

1. 描边路径

路径和选区一样，在最终的设计成品中是不予显示的，需要对路径进行加工，才能看见相应的效果，描边路径就是将线条、图案等沿着路径轨迹显示，以实体化的方式将路径表现出来的一种常用的路径应用方式。描边中常用的工具是【画笔工具】，在描边前需要设置画笔的大小和形状。

选择【画笔工具】 ，设置不同的笔画大小可以对路径进行粗细不同的描边效果，选择路径后，在【路径】面板中单击【用画笔描边路径】按钮 即可对路径进行描边，如图 2-70 所示。

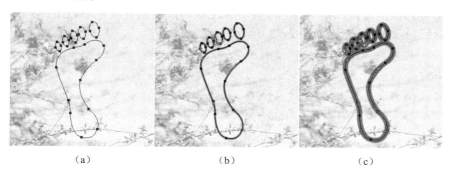

（a）   （b）   （c）

图 2-70　不同画笔大小的路径描边效果

使用【钢笔工具】 或者【路径选择工具】 在路径上右击，在弹出的快捷菜单中选择【描边路径】命令，可在弹出的【描边路径】对话框中选择描边的工具。使用不同的工具在路径上描边，相当于在图像上沿着路径进行操作，设置工具的不同属性，能对路径进行各种形态的描边，如图 2-71 所示。

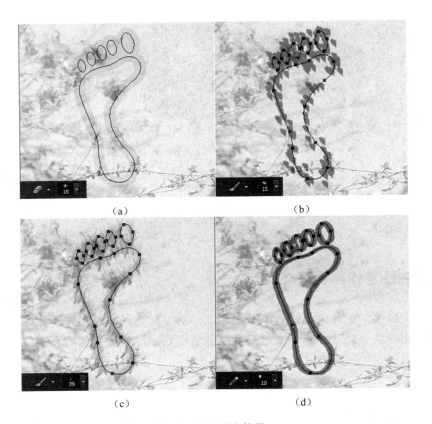

（a）　　　　　　　　　　　　　　（b）

（c）　　　　　　　　　　　　　　（d）

图 2-71　使用不同描边工具的描边效果

2．路径填充

路径工具是编辑矢量图形的工具，对矢量图形放大和缩小，不会产生失真的现象。除了描边路径外，填充路径也是一个很重要的路径应用方式。

进行路径填充时，可以直接选择所要编辑的路径，然后单击前景色对其进行相应的设置，选择自己想要修改的颜色，然后单击【路径】面板中的【用前景色填充路径】按钮 ，对所选路径进行颜色填充，如图 2-72 所示。

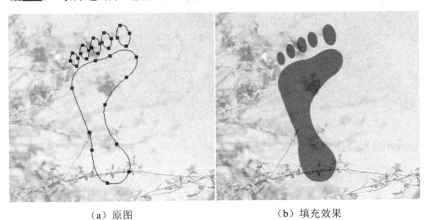

（a）原图　　　　　　　　　　　　（b）填充效果

图 2-72　【用前景色填充路径】对路径进行填充

同时，也可以在路径上右击，选择【填充路径】选项，弹出【填充路径】对话框，如图 2-73 所示，可以在【内容】栏内选择不同的填充模式，对其属性进行相应的修改。

图案填充也是经常使用的填充方式，效果如图 2-74 所示。

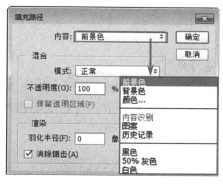

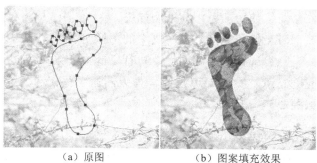

（a）原图　　　　　　　（b）图案填充效果

图 2-73　【填充路径】对话框　　　图 2-74　图案填充效果

2.4　滤镜的应用

在 Photoshop 软件中滤镜主要是用来实现图像的各种特殊效果，且通常需要同通道、图层等联合使用，才能取得最佳艺术效果。所有的滤镜插件在 Photoshop 中都按分类放置在菜单中，使用时只需要从菜单中单击该选项即可。

2.4.1　认识滤镜

Photoshop 中的滤镜实质上就是各种图像处理插件，不同的插件可以对图像产生不同的处理效果。也可以将滤镜理解为魔法镜，用它"照"一下图像，就让图像改变了模样。如图 2-75 所示。

（a）原图　　　　　　　　　　　　　（b）滤镜

图 2-75　凸出滤镜

2.4.2 编辑滤镜

在 Photoshop 中系统默认为每个滤镜都设置了效果，当应用该滤镜时，自带的滤镜效果就会应用到图像中，还可以通过滤镜提供的参数对图像效果进行调整。

滤镜使用的原则和技巧如下。

（1）使用滤镜处理图层中的图像时，该图层必须是可见图层。

（2）选择一个图层后，执行【滤镜】菜单中的【滤镜】命令即可对该图层中的图像应用滤镜，如图 2-76 所示。如果图像中存在选区，则滤镜效果只应用在选区内的图像，如图 2-77 所示。

图 2-76　滤镜应用于整个图像后的效果

图 2-77　滤镜应用于选区

（3）如果当前选中某一通道，则滤镜会对当前通道产生作用。

（4）滤镜效果是以像素为单位进行计算的，因此，即使采用相同的参数处理不同分辨率的图像，其效果也会不同。

（5）滤镜不能应用于位图模式或索引模式的图像，有一部分滤镜也不能应用于 CMYK 模式的图像。如果要对这些模式的图像应用滤镜，可执行【图像】|【模式】|【RGB 模式】命令，将图像模式转为 RGB 模式后，再应用滤镜。

（6）当应用了一个滤镜后，在【滤镜】菜单的第 1 行中会出现该滤镜的名称。执行该命令，或按快捷键 Ctrl+F，可以按照上一次应用该滤镜的参数设置再次对图像应用该滤镜；按快捷键 Ctrl+Shift+F，可以撤销上次滤镜效果；按快捷键 Ctrl+Alt+F,可以打开相应的滤镜对话框，重新设置该滤镜的参数。

（7）当我们打开一个【滤镜】对话框时，按住 Alt 键，对话框右上角的【取消】按钮将变成【复位】按钮，可以将该滤镜参数恢复到默认设置。

（8）预览滤镜效果。在滤镜对话框中，可通过预览窗口预览滤镜效果。将鼠标移到预览框内，光标会变为抓手工具，拖动鼠标，可移动预览框内的图像，以观察其他区域的效果，如图 2-78 所示。也可以单击🔍和🔍按钮放大和缩小图像的显示比例。如果要查看图像中的某一区域内的效果，可以将鼠标移到文档中，光标会显示为一个方框状，如图 2-79 所示，单击鼠标，在滤镜预览窗口中将显示该区域的效果，如图 2-80 所示。

图 2-78　预览平移

图 2-79　指定预览部位

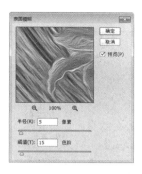
图 2-80　预览效果

2.4.3　滤镜的分类

Photoshop 中的滤镜主要分为内置滤镜和外挂滤镜两大类。内置滤镜通常显示在"滤镜"菜单的上部，其中【抽出】、【液化】、【油画】、【消失点】等属于特殊滤镜，【风格化】、【模糊】、【扭曲】、【锐化】等属于常规滤镜组，而由其他厂商开发的滤镜，即外挂滤镜，完成安装后，将显示在【滤镜】菜单的底部，如图 2-81 所示。

安装外挂滤镜的方法很简单，只要将下载的滤镜文件及其附属的一些文件拷贝到"Photoshop\Plug-Ins"文件夹下即可。

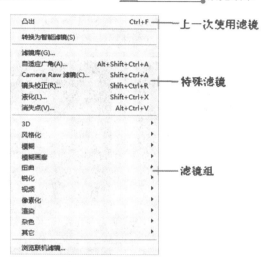
图 2-81　滤镜菜单

2.4.4　常用滤镜效果

Photoshop 中的各类滤镜太多，很多滤镜极少使用，表 2-6 展示了最常用的滤镜及其效果。

表 2-6　常用滤镜

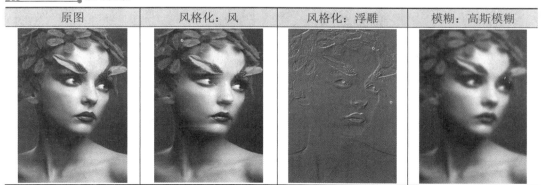

原图	风格化：风	风格化：浮雕	模糊：高斯模糊

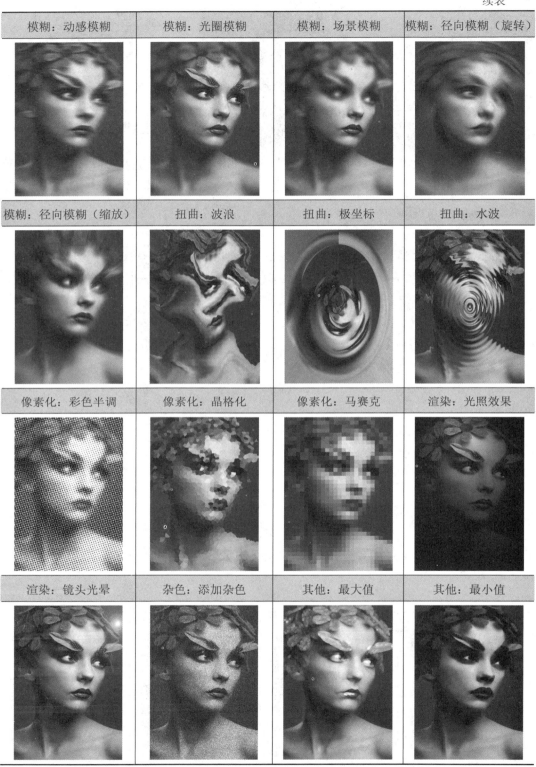

模糊：动感模糊	模糊：光圈模糊	模糊：场景模糊	模糊：径向模糊（旋转）
模糊：径向模糊（缩放）	扭曲：波浪	扭曲：极坐标	扭曲：水波
像素化：彩色半调	像素化：晶格化	像素化：马赛克	渲染：光照效果
渲染：镜头光晕	杂色：添加杂色	其他：最大值	其他：最小值

2.5 案例实战：漂亮的导航按钮

漂亮的导航按钮不但会为网页增色，而且可以帮助用户快速找到需要的内容。本案例中的按钮利用多个不同的渐变填充制作出立体背景。

1 新建一个 300×300 像素、白色背景的文档。新建"图层 1"，使用【椭圆选框工具】绘制一个半径为 6cm 的圆。使用【渐变工具】为圆形添加渐变，渐变颜色从 # 234a70 到 # b9d9e5，按 Shift 键拖动鼠标从下到上渐变，设置参数，如图 2-82 所示。

○ 图 2-82　绘制渐变圆

2 新建"图层 2"，不要取消选区，选中"图层 2"，按快捷键 Alt+S+M+C 设置【收缩量】为 4 像素，效果如图 2-83 所示。

○ 图 2-83　设置收缩量

3 不要取消选区，选中"图层 2"，设置渐变颜色从 # 0f5d9a 到 # c0e6ef 渐变，按 Shift

键拖动鼠标从上到下渐变，按快捷键 Ctrl+D 取消选取，效果如图 2-84 所示。

○ 图 2-84　添加渐变色 1

4 新建"图层 3"，选中"图层 3"，按 Ctrl 健，单击"图层 2"缩览图，按快捷键 Alt+S+M+C 设置【收缩量】为 4 像素，设置填充颜色为 # 005c81，按快捷键 Alt+Delete 为"图层 3"填充颜色，效果如图 2-85 所示。

○ 图 2-85　填充颜色

5 新建"图层 4"，选中"图层 4"，按 Ctrl 键，单击"图层 3"缩览图，使用渐变工具为"图层 4"添加【前景色到透明渐变】颜色，前景色为 # 57f1ea，再使用【椭圆选框工具】画一个较大的圆，右键单击【选择反向】。继续按 Delete 健，按快捷键 Ctrl+D 取消选区。效果图如图 2-86 所示。

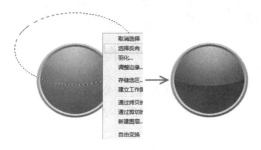

图 2-86 添加渐变色 2

6 新建"图层 5"，单击"图层 3"缩览图，使用【渐变工具】为"图层 5"添加【前景色到透明渐变】颜色，前景色为#57f1ea，按快捷键 Ctrl+D 取消选区，效果如图 2-87 所示。

图 2-87 添加渐变色 3

7 新建"图层 6"，使用【椭圆选框工具】绘制一个高 1cm、宽 1cm 的小圆，将小圆填充为白色，效果如图 2-88 所示。

图 2-88 绘制白色小圆

8 隐藏"图层 6"，新建"图层 7"，使用【椭

圆选框工具】绘制一个高 2.7cm、宽 2.7cm 的圆填充为白色，继续绘制一个高 2.2cm、宽 2.2cm 的圆按 Delete 键，按快捷键 Ctrl+D 取消选区，得到的效果如图 2-89 所示。

图 2-89 绘制白色圆环

9 继续绘制一个圆形图，右击并选择【选择反向】命令。按 Delete 键，再按快捷键 Ctrl+D 取消选区，得到如图 2-90 所示的效果。再用橡皮擦工具修饰一下棱角部分。

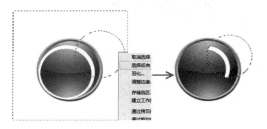

图 2-90 制作高光区

10 隐藏"图层 6"，新建"图层 8"，用使用和"图层 7"同样的步骤绘制较大的圆形。最后调整图层的位置，得到的最终效果图如图 2-91 所示。

图 2-91 最终效果

2.6 案例实战：投影文字

为文字添加投影可以让文字与背景拉开距离，显得更有层次。常见的投影有单一的平面投影、具有透视变化的投影两种。在本案例中两种投影都将得到练习。

1 新建文件。新建一个宽为 20cm、高为 14cm、颜色模式为 RGB 颜色的图像文件，选择【渐变工具】■编辑如图 2-92 所示的渐变色，渐变颜色从# e6f7ff 到# 043551，选择【径向渐变】，填充后的效果如图 2-93 所示。

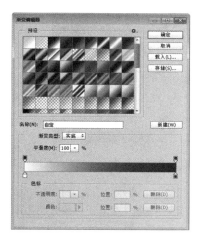

图 2-92　编辑渐变色

图 2-93　填充渐变色效果

2 输入文字。选择【横排文字工具】，输入如图 2-94 所示的文字，【图层面板】中会自动生成一个文字图层为"网页设计与配色"，然后在【背景】图层上方新建一个图层为"图层 1"，按住 Ctrl 键，单击 MCOYA 图层的图层缩览图，载入选区，如图 2-95 所示，

然后设置前景色为 R：60、G:93、B:60，按快捷键 Alt+Delete 填充前景色。

图 2-94　输入文字

图 2-95　载入选区

3 制作平面阴影效果。选择并复制"图层 1"为"图层 1 拷贝"，复制后将"图层 1 拷贝"隐藏。选择"图层 1"，使用【移动工具】向右移动"图层 1"图像，效果如图 2-96 所示。

图 2-96　平面阴影效果

4 制作透视阴影效果。将"图层1"隐藏，选择并显示"图层1拷贝"，按快捷键 Ctrl+T 显示自由变换框，单击鼠标右键，在弹出的菜单中选择【斜切】，调整角点，如图 2-97 所示。单击鼠标右键，从弹出的菜单中选择【自由变换】，调整中间点，如图 2-98 所示。最后按 Enter 键应用变换。

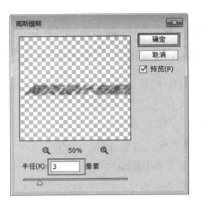

图 2-99 设置参数

图 2-97 调整角点

图 2-100 模糊后效果

6 对文字进行减淡。选择"图层1拷贝"，使用【减淡工具】，在其工具属性栏中设置【范围】为中间调，【强度】为 24%，然后在文字的上方进行涂抹，效果如图 2-101 所示。

图 2-98 调整中间点

5 对文字进行高斯模糊。选择"图层1拷贝"，执行【滤镜】|【模糊】|【高斯模糊】命令，打开【高斯模糊】对话框，设置参数如图 2-99 所示，效果如图 2-100 所示。

图 2-101 最终效果

2.7 思考与练习

一、填空题

1. 图层通过_____的方式来组成整个

图像。

2. 常用的图层操作包括_____等。

3. 在 Photoshop 中有多种用来创建选区的

工具，主要包括___ 、____ 、____ 、____ 、
____ 、____ ，以及_____ 。

二、选择题

1. Photoshop 中的路径工具包括可以创建路径的_____和形状路径工具，以及用于选择路径的路径选择工具。

    A．铅笔工具

    B．贝塞尔路径工具

    C．钢笔路径工具

    D．路径工具

2. 在 Photoshop 软件中，滤镜主要用来实现图像的各种特殊效果，下列_____不是 Photoshop 软件中自带的特殊滤镜。

    A．自适应广角

    B．镜头校正

    C．锐化

    D．液化

三、练习

绘制漂亮按钮

本练习与 2.5 节介绍的绘制漂亮按钮导航的制作方式有很多类似之处，通过选区，进行多个渐变填充，制作出按钮的立体效果和光感效果。利用编辑渐变色来制作一个漂亮的渐变按钮，效果如图 2-102 所示。

图 2-102 按钮

第 3 章

Photoshop CC 网页动画设计

动画是采用逐帧拍摄对象并连续播放而形成运动的影像技术。不论拍摄对象是什么，只要它的拍摄方式采用的是逐帧方式，观看时连续播放形成了活动影像，它就是动画。动画由若干静态画面快速交替显示而成。因人的眼睛会产生视觉残留，对上一个画面的感知还未消失，下一张画面又出现，因此产生动的感觉。动画在网页中应用广泛，有的网站进入首页首先就是一段动画，更多的动画应用于网络广告。

本章主要讲解用 Photoshop CC 制作逐帧动画和时间轴动画的方法以及技巧，利用 Photoshop CC 动画面板，不仅可以制作简单的逐帧动画和时间轴动画，还可以编辑音频和视频，因此网页设计师越来越多地运用 Photoshop CC 来设计和制作网页动画、网络动态广告。

3.1 动画面板

主要介绍了帧动画面板和时间轴动画面板，用 Photoshop CC 动画面板可以将静态的图形与文字转化为动画效果。如图 3-1 所示为人物奔跑的分解示意图。当连续播放时，即可产生奔跑的视觉效果。

(a)　(b)　(c)　(d)　(e)　(f)

图 3-1　计算机动画

在 Photoshop 的【时间轴】面板中，可以完成所有关于创建、编辑动画的设置工作。

在该面板中，可以以两种方式编辑动画，一种是帧模式，另外一种是视频模式，它的工作模式同 Adobe 公司出品的视频编辑软件类似，都可以通过设置关键帧来精确地控制图层内容的位置、透明度及样式的变化。

帧模式是最直接也最容易让人理解动画原理的一种编辑模式，它通过复制帧来创建出一幅幅图像，然后通过调整图层内容，来设置每一幅图像的画面，将每一幅画面连续播放就形成了动画。

打开一个图像文件，执行【窗口】|【时间轴】命令，可以打开【时间轴】面板，如图 3-2 所示，单击面板中间的三角形按钮，在其下拉菜单中选择【创建帧动画】选项，然后再单击【创建帧动画】按钮，就打开了帧模式的【时间轴】面板，如图 3-3 所示。

图 3-2　【时间轴】面板

图 3-3　帧模式的【时间轴】面板

3.1.1　帧动画面板

在帧动画模式下，可以显示出动画内每帧的缩览图。使用面板底部的工具可浏览各个帧、设置循环选项，以及添加、删除帧或是预览动画。其中的选项及功能如表 3-1 所示。

表 3-1　帧模式【时间轴】面板中的选项名称及功能

选　项	图标	功　能
选择循环选项	无	用于设置动画的播放次数。分别有"一次""三次"和"永远"三个选项，单击"其他"，弹出"设置循环次数"对话框，在"播放"右侧的数值框中可输入播放的次数，例如 4 次，那么该动画就会循环播放 4 次
选择第一帧	◄	要想返回【帧动画】面板中的第一帧，可以直接单击该按钮
选择上一帧	◄	单击该按钮选择当前帧的上一帧
播放动画	►	在【帧动画】面板中，该按钮的初始状态为播放按钮。单击该按钮后按钮显示为停止，再次单击后返回播放状态
停止动画	■	
选择下一帧	◄	单击该按钮选择当前帧的下一帧
过渡动画帧	◣	单击该按钮打开【过渡】对话框，在该对话框中可以创建过渡动画
复制所选帧	▣	单击该按钮可以复制选中的帧，即通过复制帧创建新帧
删除所选帧	🗑	单击该按钮可以删除选中的帧。当【帧动画】面板中只有一帧时，其下方的【删除选中的帧】按钮不可用
选择帧延迟时间	无	单击帧缩览图下方的【选择帧延迟时间】弹出列表，选择该帧的延迟时间，或者选择【其他】选项打开【设置帧延迟】对话框，设置具体的延迟时间
转换为视频时间轴	▦	用于在帧模式的时间轴面板与视频模式时间轴面板之间相互转换。如果面板为时间轴模式，单击 ▦ 按钮，可转换为帧模式

3.1.2　时间轴动画面板

Photoshop CC 的视频动画相比以往版本更加强大，能胜任大部分视频编辑。视频动画可以制作属性动画，可以编辑视频、音频，可以添加字幕。与帧动画不同的是，帧动画中只包含帧，而时间轴动画将帧包含在视频图层中。

执行【窗口】|【时间轴】命令，在打开的【时间轴】面板中选择【创建视频时间轴】，或单击帧模式的【时间轴】面板下方的 按钮，可打开视频模式的时间轴面板，如图 3-4 所示。

在时间轴中可以看到类似【图层】面板中的图层名字，其高

图 3-4　视频模式下的【时间轴】面板

低位置也与【图层】面板相同，其中每一个图层为一个轨道。单击图层左侧的箭头标志展开该图层所有的动画项目。不同类别的图层，其动画项目也有所不同。如文字图层与矢量形状图层，它们共有的是针对【位置】【不透明度】和【样式】的动画设置项目，不同的是文字图层多了一个【文字变形】项目，而矢量形状层多了两个与蒙版有关的项目。如果将普通图层转换为 3D 图层，那么除了共有的动画设置项目外，还增加了 3D 相关动画设置项目。在该模式中，面板中的选项名称及功能如下。

（1）转换为帧动画：用于将时间轴动画转换为帧动画。

（2）当前时间指示器：拖动当前时间指示器可导航帧或更改当前时间或帧。

（3）关键帧导航器：轨道标签左侧的箭头按钮将当前时间指示器从当前位置移动到上一个或下一个关键帧。单击中间的按钮可添加或删除当前时间的关键帧。

（4）图层持续时间条：指定图层在视频或动画中的时间位置。要将图层移动到其他时间位置，可以拖动此条。要裁切图层（调整图层的持续时间），可以拖动此条的任一端。

（5）时间标尺：根据文档的持续时间和帧速率，水平测量持续时间（或帧计数）（从【面板】菜单中选择【文档设置】选项可更改持续时间或帧速率）。刻度线和数字沿标尺出现，并且其间距随时间轴的缩放设置的变化而变化。

（6）启用关键帧动画：启用或停用图层属性的关键帧设置。选择此选项可插入关键帧并启用图层属性的关键帧设置。取消选择可移去所有关键帧并停用图层属性的关键帧设置。

（7）工作区域指示器：拖动位于顶部轨道任一端的标签，可标记要预览或导出的动画或视频的特定部分。

（8）关闭或启用音频播放：当导入视频文件并且将其放置在视频图层时，单击【启用音频播放】按钮 后，播放动画图像的同时播放音频。

时间码 0:00:00:00 是【当前时间指示器】指示的当前时间，从右端起分别是毫秒、秒、分钟、小时。时间码后面显示的数值（10.00fps）是帧速率，表示每秒所包含的帧数。

在该位置单击并拖动鼠标，可移动【当前时间指示器】的位置。

拖动位于顶部轨道的工作区域指示器（工作区域开始和工作区域结束），可标记要预览、导出的动画或视频的特定部分，如图3-5所示。

关键帧是控制图层位置、透明度或样式等内容发生变化的控件。当需要添加关键帧时，首先移动当前时间指示器到需要添加关键帧的位置，然后激活对应项目前的【启用关键帧动画】图标 并编辑相应的内容，此时在图层持续时间条与当前时间指示器交叉处会自动添加关键帧，将对图层内容所作的修改记录下来，如图3-6所示。

图 3-5　指定播放、导出的区域

（a）

（b）

图 3-6　创建关键帧

3.2　逐帧与过渡动画

在 Photoshop 的帧模式【时间轴】面板中，能够制作逐帧动画和简单的过渡动画。而在过渡动画中，可以根据过渡动画中的选项，创建不透明度、位置以及效果等动画效果。

3.2.1　认识和创建逐帧动画

逐帧动画就是一帧一个画面，将多个帧连续播放就可以形成动画。动画中帧与帧的内容可以是连续的，也可以是跳跃性的，这是该动画类型与过渡动画最大的区别。

在 Photoshop 中制作逐帧动画非常简单，只需要有效地利用动画与【图层】面板，不断地新建动画帧，然后配合【图层】面板，对每一帧画面的内容进行更改，如图 3-7 所示。

3.2.2 认识和创建过渡动画

过渡动画是两帧之间所产生的效果、不透明度和位置变化的动画。单击帧模式【时间轴】面板底部的【过渡动画帧】按钮，弹出如图 3-8 所示的【过渡】对话框。对话框中的选项及作用如表 3-2 所示。

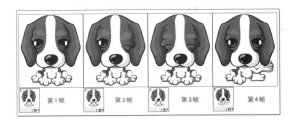

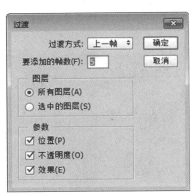

图 3-7　创建逐帧动画　　　　　　图 3-8　【过渡】对话框

表 3-2　【过渡】对话框中的选项及作用

选　　项		作　　用
过渡方式	选区	同时选中两个动画帧时，显示该选项
	上一帧	选中某个动画帧时，可以通过选择【上一帧】或者【下一帧】选项，来确定过渡动画的范围
	下一帧	
要添加的帧数		输入一个值，或者使用向上或向下箭头按钮选取要添加的帧数，数值越大，过渡效果越细腻（如果选择的帧多于两个，该选项不可用）
图层	所有图层	启用该选项，能够将【图层】面板中的所有图层应用在过渡动画中
	选中的图层	启用该选项，只改变所选帧中当前选中的图层
参数	位置	启用该选项，在起始帧和结束帧之间均匀地改变图层内容在新帧中的位置
	不透明度	启用该选项，在起始帧和结束帧之间均匀地改变新帧的不透明度
	效果	启用该选项，在起始帧和结束帧之间均匀地改变图层效果的参数设置

3.2.3 过渡动画类型

1．位置过渡动画

位置过渡动画是同一图层中的图像由一端移动到另一端的动画。首先创建起始帧，飞碟位于图像的右侧，如图 3-9 所示。

　　然后复制第一帧为第二帧（作为结束帧），在第二帧中移动飞碟至图像的左侧，如图 3-10 所示。

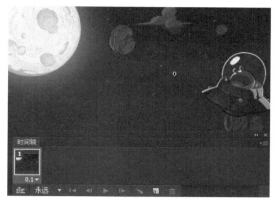
图 3-9　确定起始帧中的飞碟位置

图 3-10　确定结束帧中的飞碟位置

　　接着按住 Shift 键，同时选中起始帧与结束帧。单击【时间轴】面板底部的【过渡动画帧】按钮，在【参数】选项组中启用【位置】选项，设置添加的帧数为 5，其他选项默认。单击【确定】按钮后，在两帧之间创建了个过渡帧，如图 3-11 所示。

　　单击每一帧调整图层面板中所对应的图层中飞碟的位置，如图 3-12 所示，得到飞碟在图像中的位置过渡动画效果。

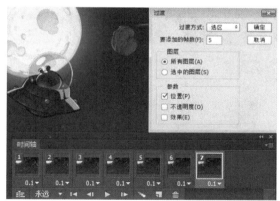
图 3-11　创建位置过渡帧

图 3-12　位置过渡动画效果

2．不透明度过渡动画

　　不透明度过渡动画是同一图层的不透明度逐渐变高或变低的过渡动画。

　　与位置过渡动画相同，首先创建起始帧。在【时间轴】面板第一帧中，设置"图层1"的【不透明度】选项为 100%，如图 3-13 所示。

　　接着复制第一帧得到第二帧（作为结束帧），在该帧中设置图层 1 的【不透明度】选项为 0%，如图 3-14 所示。

图 3-13 设置起始帧中的不透明度

图 3-14 制作结束帧中的透明度

然后选中第一帧，单击【过渡动画帧】按钮，在【参数】选项组中启用【不透明度】选项，设置【过渡方式】为下一帧，添加的帧数为 5，单击【确定】按钮后，在第一帧后创建了 5 帧过渡帧，如图 3-15 所示。

单击【播放动画】按钮 ▶，得到的过渡帧动画效果如图 3-16 所示。

图 3-15 创建不透明度过渡帧

图 3-16 不透明度过渡动画效果

3. 效果过渡动画

效果过渡动画是同一图层的图层样式因为前后帧参数不同而生成的过渡动画。

首先创建起始帧。在【时间轴】面板第一帧中，为文字图层添加【投影】样式，具体设置如图 3-17 所示。

图 3-17 设置起始帧效果

接着复制第一帧得到第二帧（作为结束帧），在该帧中修改投影参数，如图 3-18 所示。

然后选中第一帧，单击【过渡动画帧】按钮，在【参数】选项组中启用【效果】选项，设置【过渡方式】为下一帧，添加的帧数为 5，单击【确定】按钮后，在第一帧后创建了 5 帧过渡帧，如图 3-19 所示。

图 3-18 设置结束帧效果

单击【播放动画】按钮![play]，得到的过渡帧动画效果如图 3-20 所示。

图 3-19　创建效果过渡帧　　　　　图 3-20　效果过渡动画效果

3.3　时间轴动画

不同图层会有不同的属性特征，而在视频时间轴中，主要分为普通图层时间轴动画、文本图层时间轴动画与蒙版图层时间轴动画三大类。视频时间轴动画与帧动画的制作有很大的不同，它需要在图层持续时间条上建立属性关键帧，通过这些关键帧来编辑和制作动画。

3.3.1　普通图层时间轴动画

普通图层可以创建位置、不透明度与样式三种属性动画。这三种属性动画既可以单独创建，也可以同时创建，其效果与帧动画中的过渡动画相似。下面以位置属性动画为例介绍普通图层时间轴动画的制作。

图 3-21　创建第一个关键帧

将帧模式【时间轴】面板切换为视频模式【时间轴】面板，拖动最下方的三角形图标放大时间轴，便于编辑。把飞机移动到画面右下角，并把【当前时间指示器】移动至时间轴的首端，展开图层 1 的属性，在位置属性栏上单击【启用关键帧动画】按钮，创建第一个关键帧，如图 3-21 所示。

把【当前时间指示器】移动至时间轴的末端，按住鼠标左键将飞机移动到左上角，释放鼠标，自动创建第二个关键帧，如图 3-22 所示。

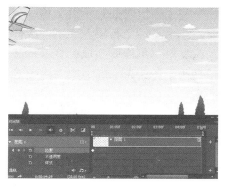

图 3-22　创建第二个关键帧

图 3-23　洋葱皮效果

　　单击【播放动画】按钮▶，即可看到飞机从右下角飞往左上角的动画效果了。

　　如果要为动画添加洋葱皮效果，单击时间轴动画面板右上角的小三角形，弹出关联菜单，在其中单击【启用洋葱皮】命令，移动【当前时间指示器】，发现出现了重影效果，如图 3-23 所示。

3.3.2　文本图层时间轴动画

　　文本图层可以创建变换、不透明度、样式、文字变形 4 种属性动画，既可以编辑其中一种属性，也可以同时编辑多种属性。变换属性包含位置属性，不仅可以制作出位置变化的动画，还可以做出缩放、旋转、扭曲等动画。

1．变换属性动画

　　将【当前时间指示器】移动到时间轴首端，选择文件工具输入文字，展开文字图层动画属性，单击变换属性栏前的【启用关键帧动画】按钮，生成一个关键帧，如图 3-24 所示。

图 3-24　创建第一个变换关键帧

　　将【当前时间指示器】移动到时间轴末端，单击【在播放头处添加或移去关键帧】图标◆生成第二个关键帧，按快捷键 Ctrl+T 变换文字，如图 3-25 所示。

　　按 Enter 键确认变换，取消洋葱皮设置效果，然后单击【播放动画】按钮▶，可以看到飞机从右下角飞往左上角，文字逐渐变大并旋转一定角度的动画效果，如图 3-26 所示。

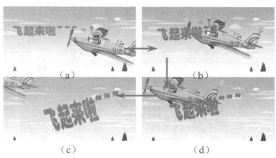

图 3-25　创建第二个变换关键帧　　　　图 3-26　变换动画效果

2．文字变形动画

文字变形动画就是将文字的前后变形效果做成动画。

将【当前时间指示器】移动到时间轴首端，单击文字变形属性栏前的【启用关键帧动画】按钮，生成一个关键帧，如图 3-27 所示。

将【当前时间指示器】移动到时间轴末端，在【图层】面板中双击文字图层选中所有文字，然后单击属性栏中的【创建文字变形】按钮，在弹出的【变形文字】对话框中选择【旗帜】样式，调整其参数，获得变形效果，如图 3-28 所示。

图 3-27　创建文字变形第一个关键帧　　　　图 3-28　旗帜变形

单击【确定】按钮，关闭【变形文字】对话框，单击文字变形栏前的【在播放头处添加或移去关键帧】图标生成第二个关键帧，如图 3-29 所示。

单击【播放动画】按钮，可以看到飞机从右下角飞往左上角，文字逐渐变大、旋转并像旗子一样飘动，如图 3-30 所示。

图 3-29　创建文字变形第二个关键帧　　　　图 3-30　文字变形动画效果

● 3.3.3　蒙版图层时间轴动画

蒙版图层的时间轴动画效果中，除了普通图层中的位置、不透明度与样式外，还包括图层蒙版位置与图层蒙版启用两个属性。下面来看这两个属性在动画中的应用。

1. 图层蒙版位置动画

图层蒙版位置动画就是将蒙版的位置移动制作成动画，其制作方法与普通图层位置动画类似，不同的是，这里移动的是蒙版而不是图层上的图形图像。

打开如图 3-31 所示的文件。文件是一幅冬景，有独立的文字图层。

图 3-31　冬景

在文字图层上方新建图层 1，然后按快捷键 Ctrl+Alt+G，建立剪贴蒙版。选择渐变工具，在属性栏渐变颜色下拉列表框中选择【橙黄橙渐变】，渐变样式选择【对称渐变】，然后从上到下拖动鼠标填充文字处，效果如图 3-32 所示。

按 Alt 键，单击【图层】面板上的【添加图层蒙版】按钮，为图层 1 添加一个黑

图 3-32　渐变填充

色蒙版，图层 1 全部隐藏。使用多边形套索工具按住 Shift 键创建选区，并填充白色。这个时候只有白色区域显示出了图层 1 的颜色，如图 3-33 所示。

按快捷键 Ctrl+D 取消选择，单击【图层】面板上图层缩览图与蒙版之间的【链接】图标取消链接，如图 3-34 所示。

图 3-33 编辑蒙版

图 3-34 取消链接

进入视频模式时间轴面板，展开图层1的属性栏，将【当前时间指示器】移动到时间轴首端，确定当前图层1的蒙版被选中（在【图层】面板中，选中的蒙版缩览图外围有黑色框），选择移动工具，按住Shift键向上移动蒙版，直至看不到图层1的颜色。单击【时间轴】面板图层蒙版位置属性栏上的【启用关键帧动画】按钮，添加第一个关键帧，如图3-35所示。

将【当前时间指示器】移动到时间轴末端，按住Shift键往下移动蒙版，直至在"林"字上能看到少许的图层1颜色，生成第二个关键帧，效果如图3-36所示。

图 3-35 创建第一个关键帧

单击【播放动画】按钮▶，可以看到随着蒙版的移动，文字的颜色不断变化，如图3-37所示。

图 3-36 创建第二个关键帧

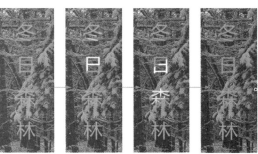

图 3-37 蒙版位置动画效果

2. 图层蒙版启用动画

图层蒙版启用动画指的是可以将蒙版的启用和停用切换做成动画。下面我们来看蒙版启用动画的制作。

删除上一实例图层蒙版位置属性栏上的两个关键帧，将图层 1 蒙版填充为白色，如图 3-38 所示。

在蒙版上创建一个矩形选区，框住所有文字，然后填充黑色，效果如图 3-39 所示。

按快捷键 Ctrl+D 取消选区，将【当前时间指示器】移动到时间轴首端，按住 Shift

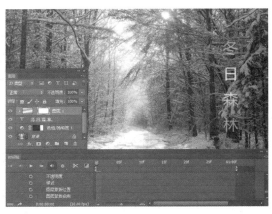

图 3-38 填充白色蒙版

键在图层面板上单击蒙版缩览图，停用蒙版，然后单击图层蒙版启用属性栏前的【启用关键帧动画】按钮，生成第一个关键帧，如图 3-40 所示。

图 3-39 编辑蒙版

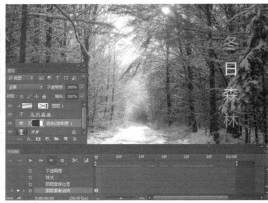

图 3-40 创建第一个关键帧

将【当前时间指示器】移动到时间轴 05f 处，单击蒙版缩览图启用蒙版，创建第二个关键帧，如图 3-41 所示。

采用相同的方法，分别在 10f、20f、01:00 处建立停用蒙版关键帧，在 15f、25f 处建立启用蒙版关键帧，如图 3-42 所示。

图 3-41 创建第二个关键帧

图 3-42 创建其他关键帧

在时间轴关联菜单中选择【循环】播放命令，然后单击【播放动画】按钮▶，可看到两种文字颜色不断来回切换，如图 3-43 所示。

图 3-43　蒙版启用动画效果

3.4　为动画添加音频和视频

Photoshop CC 不仅可以制作动画，还可以添加音频和视频。在视频模式时间轴面板中，有音频轨道和视频轨道。

3.4.1　添加并编辑音频

单击音轨右侧的 ♫ 按钮，在弹出的下拉菜单中选择【添加音频】命令，可以为动画添加音频。

打开前面的时间轴位置动画，这是一架飞机飞行的动画，如图 3-44 所示。

单击 ♫ 按钮，在弹出的下拉菜单中选择【添加音频】命令，从弹出的【打开】对话框中选择"好铃网-飞机起飞.mp3"文件，单击【打开】按钮，载入到时间轴的音轨中，如图 3-45 所示。

现在音频文件时长远远超过了动画时长。将【当前时间指示器】移动到原动画的末端，即 05:00 处，单击【在播放头处拆

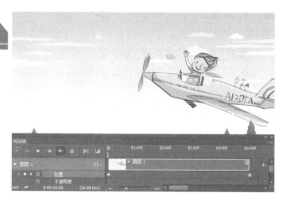

图 3-44　打开动画文件

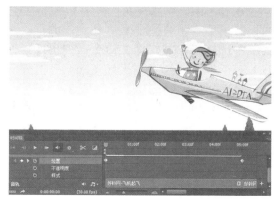

图 3-45　载入音频文件

分】按钮✂将音轨剪成两段，如图 3-46 所示。

选中后段音轨，按 Delete 键将其删除，如图 3-47 所示。

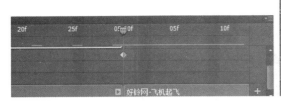

图 3-46　拆分音频

图 3-47　删除后段音轨

在时间轴关联菜单中选择【循环】播放命令，然后单击【播放动画】按钮▶，即可听到添加的音频效果。飞机飞离画面声音应该逐渐降低，因此需要设置淡出效果。下面为这段音频添加淡出效果。

在时间轴上单击音频轨道选中音频，然后右击，在弹出的【音频】设置框中，将淡出设置为3s，如图 3-48 所示。

单击【播放动画】按钮▶，即可听到音频随着飞机的远离逐渐降低了音量。

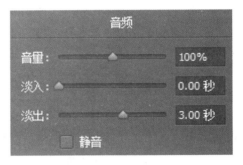

图 3-48　设置音频淡出

● 3.4.2　添加并编辑视频

除了添加音频外，还可以为动画添加视频。单击【时间轴】面板上某图层右侧的▣·按钮，在弹出的下拉菜单中选择【添加媒体】命令，即可添加视频到图层中。

接着上面的动画编辑。单击【时间轴】面板图层 1 右侧的▣·按钮，在弹出的下拉菜单中选择【添加媒体】命令，弹出【打开】对话框，选择"飞机起飞.mp4"文件打开，添加视频到图层上，如图 3-49 所示。

图 3-49　添加视频文件

添加视频后，【图层】面板变为如图 3-50 所示的那样，增加了视频组。

单击【播放动画】按钮▶，即可看到一段实拍的飞机起飞画面。对插入的视频还可以进行编辑、可以拆分、可以更改播放速度和持续时间。视频的拆分与音频的拆分一样，下面介绍视频播放速度和持续时间的更改。

在时间轴上单击视频选中它，然后右击，在弹出的【视频】设置框中设置播放速度为 200%，如图 3-51 所示。速度加倍了，播放持续时间自动变成了原来的一半。

图 3-50 【图层】面板

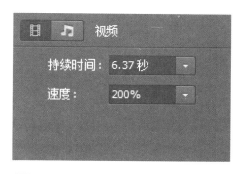

图 3-51 提高播放速度

单击【播放动画】按钮▶，可以看到速度提高了，但同时视频的声音消失了。按快捷键 Ctrl+Z 撤销操作，重新设置视频，这次速度保持 100%不变，将【持续时间】设置为 6s，如图3-52 所示。单击【播放动画】按钮▶，可以看到视频有声音，但是 6s 以后的视频被剪除了。

3.5 渲染视频

编辑好的动画可以通过【渲染视频】命令渲染成 MP4 等视频文件。

图 3-52 缩短持续时间

打开"添加音频.psd"文件，这是为飞机添加了音频的动画。执行【文件】\【导出】\【渲染视频】命令，弹出【渲染视频】对话框，如图 3-53 所示。

在【位置】选项组中设置视频名称、保存位置，设置格式为 H.264——这种格式就是 MP4 格式，视频大小根据需要设置，这里选择 HDV/HDTV 720p，其他保持默认，如图 3-54 所示。单击【渲染】按钮，即开始视频渲染。

图 3-53 【渲染视频】对话框

图 3-54 渲染设置

渲染完毕，即可利用其他视频播放软件播放了，图 3-55 是使用 Windows Media

Player 播放的效果。

3.6 案例实战：下雪动画

本实例主要通过【点状化】滤镜、【阈值】命令和【运动模糊】滤镜制作出下雪的效果，然后在【时间轴】面板中制作动画的效果。如图 3-56 所示是案例关键帧，下面是具体的制作步骤。

图 3-55　播放视频

（a）

（b）

图 3-56　案例关键帧

1 按 Ctrl+O 快捷键打开素材"雪景.tif"文件，如图 3-57 所示，按 Ctrl+J 快捷键复制一个图层为"图层 1"。

图 3-57　打开素材

2 选择"图层 1"，执行【滤镜】|【像素化】|【点状化】命令，打开【点状化】对话框，设置【单元格大小】为 8，如图 3-58 所示，单击【确定】按钮后，图像效果如图 3-59 所示。

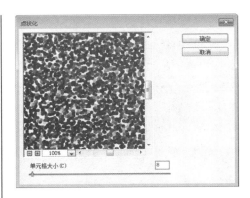

图 3-58　【点状化】对话框

图 3-59　图像效果

3 执行【图像】|【调整】|【阈值】命令，打开【阈值】对话框，调整参数，直到点状分布均匀即可，单击【确定】按钮，如图 3-60 所示，然后在【图层】面板中把"图层 1"的混合模式设置为【滤色】，如图 3-61 所示，图像效果如图 3-62 所示。

图 3-60 【阈值】设置

图 3-61 把图层混合模式设置为【滤色】

图 3-62 图像效果

4 执行【滤镜】|【模糊】|【动态模糊】命令，打开【动态模糊】对话框，设置参数如图 3-63 所示，单击【确定】按钮后，图像效果如图 3-64 所示，然后在图层面板中把不透明度设置为 75%。

图 3-63 模糊设置

图 3-64 图像效果

5 执行【窗口】|【时间轴】命令，在弹出的【时间轴】面板中单击【创建帧动画】按钮，如图 3-65 所示，这样就打开了帧模式的【时间轴】面板，如图 3-66 所示。

图 3-65 创建帧动画

图 3-66 帧模式【时间轴】面板

6 选择"图层 1"，按 Ctrl+T 快捷键显示变换框，将图像等比放大，如图 3-67 所示，然后按 Enter 键应用变换，在【时间轴】面板中单击【0.1】后面的三角形下拉按钮，在打开的下拉菜单中选择【0.2】，设置当前帧的延迟时间为0.2s，如图3-68所示。

图 3-67　　变换图像

图 3-68　　设置延迟时间

7　单击【时间轴】面板下方的【复制所选帧】按钮，得到第二帧，如图3-69所示。

图 3-69　　复制所选帧

8　使用移动工具，将"图层1"图像的右上角与"背景"层图像的右上角对齐，如图3-70所示。注意，要分别选择第一、二帧，取消【显示变换控件】。

图 3-70　　变换图像

9　单击【时间轴】面板下方的【过渡动画帧】按钮，打开【过渡】对话框，设置【过渡方

式】为【上一帧】、【要添加的帧数】为3，如图3-71所示，单击【确定】按钮后，可在两帧之间添加过渡帧，如图3-72所示。

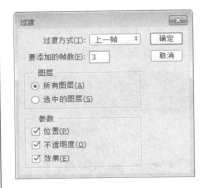

图 3-71　　【过渡】对话框参数设置

图 3-72　　添加过渡帧

10　单击【播放动画】按钮，或按空格键，即可播放动画，如图3-73所示为播放中的画面。

（a）

（b）

图 3-73　　播放中的画面

3.7 案例实战：写字动画

本实例为制作写字方式签名动画，主要通过复制文字图层，应用图层蒙版将文字一笔一画地显示出来，然后在【时间轴】面板中进行逐帧编辑，如图 3-74 所示为案例静帧效果。下面是制作的具体步骤。

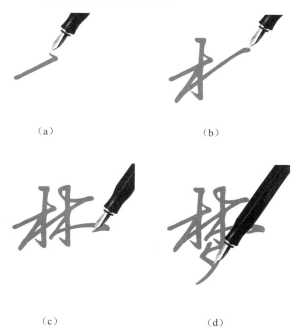

（a）　　　　　　　　　　　　　　（b）

（c）　　　　　　　　　　　　　　（d）

图 3-74　案例静帧效果

1 按 Ctrl+O 快捷键打开素材"钢笔写字.psd"，图像和【图层】面板如图 3-75 和图 3-76 所示。

图 3-75　打开素材

图 3-76　【图层】面板

2 将"梦"文字图层隐藏，执行【窗口】|【时间轴】命令，打开【时间轴】面板，单击面板中间的三角形按钮，在其下拉菜单中选择【创建帧动画】选项，如图 3-77 所示。然后再单击【创建帧动画】按钮，就打开了帧

模式的【时间轴】面板，如图 3-78 所示。

3　单击【0秒】处的三角按钮，在弹出的下拉菜单中选择【0.2秒】，然后单击【时间轴】面板下方的【复制所选帧】按钮，选择【图层】面板中的"梦"文字图层并将其显示，添加图层蒙版，设置前景色为黑色，涂抹蒙版将第一笔画以外的所有笔画隐藏，图像和"图层"面板如图 3-79 和图 3-80 所示。

4　选择"图层 1"，按 Ctrl+J 快捷键复制该图层为"图层 1 副本"，然后将"图层 1"隐藏，使用移动工具将"图层 1 副本"的钢笔移至第一笔画的末端，如图 3-81 所示，这样动画的第二帧就完成了，【时间轴】面板如图 3-82 所示。

5　在【时间轴】面板中单击【复制所选帧】按钮，然后在【图层】面板中复制"梦"文字图层为"梦拷贝"文字图层，将"梦"文字图层隐藏，单击"梦拷贝"文字图层的蒙版缩览图，把前景色设置为白色，在图像窗口中将文字的第一笔画与第二笔画之间的连笔画擦出，图像和【图层】面板如图 3-83 和图 3-84 所示。

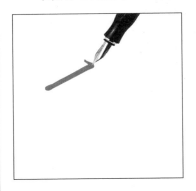

图 3-84 【图层】面板

6 选择"图层 1 副本",按 Ctrl+J 快捷键复制该图层为"图层 1 副本 2",然后将"图层 1 副本"隐藏,使用移动工具 ▶╬ 将"图层 1 副本 2"的钢笔移至连笔画的末端,如图 3-85 所示,这样动画的第三帧就完成了,【时间轴】面板如图 3-86 所示。

图 3-85 图像窗口

图 3-86 【时间轴】面板

7 在【时间轴】面板中单击【复制所选帧】按钮创建第四帧。第四帧的动画由于是文字第二笔画的开始,所以其文字图层不变,仍是"梦副本",只是钢笔的位置改变。选择"图层 1 副本 2",按 Ctrl+J 快捷键复制该图层

为"图层 1 副本 3",将"图层 1 副本"隐藏。现在我们看不到第二笔画的起始位置在哪,所以我们可以在"梦副本"图层的蒙版缩览图中右击,在弹出的菜单中选择【停用图层蒙版】命令,这样我们就可以看到第二笔画的起始位置了。将钢笔移好位置后,启用图层蒙版,这时图像和【时间轴】面板如图 3-87 和图 3-88 所示。

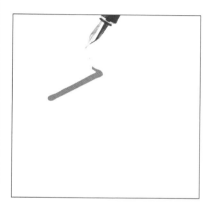

图 3-87 图像窗口

图 3-88 【时间轴】面板

8 用同上的方法对剩下的关键帧进行编辑,完成后的【时间轴】面板如图 3-89 所示。

图 3-89 【时间轴】面板

9 在【时间轴】面板中选择第 1 帧,在选择循环选项中,单击三角形下拉按钮,在其下拉菜单中选择【永远】,然后单击【播放动画】 ▶ 按钮,或按空格键即可播放动画,如图 3-90 所示为动画播放中的画面。

（a）

（b）

图 3-90 播放中的画面

3.8 思考与练习

一、填空题

1．在 Photoshop 的【时间轴】面板中，可以以两种方式编辑动画，一种是＿＿＿＿＿＿，另外一种是＿＿＿＿＿＿。

2．逐帧动画中帧与帧的内容可以是＿＿＿＿＿，也可以是＿＿＿＿＿，这是该动画类型与过渡动画最大的区别。

3．视频时间轴中，主要分为＿＿＿＿＿、和蒙版图层时间轴动画三大类。

二、选择题

1．文本图层可以创建变换、不透明度、样式、＿＿＿＿＿变形 4 种属性动画，既可以编辑其中一种属性，也可以同时编辑多种属性。

A．文字
B．图片
C．页眉
D．工具

2．蒙版图层的时间轴动画效果中，除了普通图层中的位置、不透明度与样式外，还包括图层蒙版位置与＿＿＿＿＿两个属性。

A．图层蒙版启用
B．编辑动画
C．创建变换
D．时间轴

三、练习

绘制鬼脸表情动画

本练习绘制鬼脸表情动画的效果如图 3-91 所示。这是一个最简单的两帧动画。新建一个文件，使用钢笔、椭圆选框等工具绘制出卡通头像，并分别绘制出微笑表情和鬼脸表情。打开【时间轴】面板，创建帧模式时间轴动画，第一帧为微笑表情，设置持续时间为 0.2s，第二帧为鬼脸表情，设置持续时间为 0.5s，这样关键帧就编辑完成。

（a）

（b）

图 3-91 静帧效果

第4章

切片并导出网页文件

完整的网页布局及整体外观效果并不足以直接用于网络，需要通过存储为 Web 所用格式命令将在网页设计制作中所采用的 Photoshop 默认的 PSD 格式文件输出为 HTML 文件。在利用该命令输出 HTML 文件前，有一个必不可少的操作环节——切片，将现有文件分割成多个小块，便于利用 Dreamweaver 软件编辑，便于网络浏览者快速浏览该网页。

本章主要讲解切片的创建与编辑，以及编辑 Web 文件和如何根据需要进行切片和最后的优化输出。

4.1 创建与编辑切片

切片工具在网页设计制作中是必不可少的，是 Photoshop 默认的 PSD 格式文件输出为 HTML 文件的重要帮手。本节主要讲解切片工具的用法，以及如何根据需要进行切片和最后的优化输出。

● 4.1.1 创建切片

有三种方式可以为图像创建切片。一种是使用【切片工具】 ✍ 直接拖动鼠标创建，一种是基于参考线创建，还有一种是基于图层创建。

使用【切片工具】创建的切片称作用户切片，通过图层创建的切片称作基于图层的切片。当创建新的用户切片或基于图层的切片时，将会生成自动切片来占据图像的其余区域。

1. 使用切片工具

在工具箱中选择【切片工具】后，在画布中拖动鼠标即可创建切片，如图 4-1 所示。其中，灰色为自动切片。

图 4-1　使用切片工具创建切片

2. 基于参考线创建切片

基于参考线创建切片的前提是文档中存在参考线。选择工具箱中的【切片工具】✂,
单击工具选项栏中的【基于参考线的切片】按钮,即可根据文档中的参考线创建切
片,如图4-2和图4-3所示。

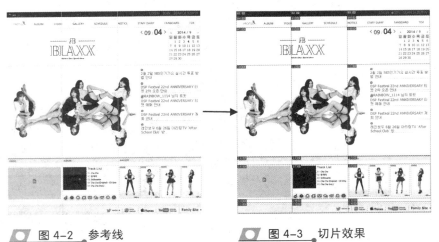

⬤ 图4-2 ⟶ 参考线　　　　　⬤ 图4-3 ⟶ 切片效果

3. 基于图层创建切片

基于图层创建切片是根据当前图层中
的对象边缘创建切片。方法是选中某个图层
后,执行【图层】|【新建基于图层的切片】命令,效果如图4-4所示。

⬤ 图4-4 ⟶ 基于图层创建切片

4.1.2　选择并调整和移动切片

创建切片后,利用【切片选择工具】✂可以移动、组合切片,也可以复制或删除切
片,还可以为指定的切片设置输出选项。

1. 选择切片

编辑所有切片之前,首先要选择切片。在 Photoshop 中选择切片有其专用的工具,

那就是【切片选择工具】。选择【切片选择工具】，在画布中单击，即可选中切片，如图4-5所示。选中的切片边框颜色变成橘黄色。

如果要同时选中两个或者两个以上的切片，那么可以按住Shift键，连续单击相应的切片，如图4-6所示。

图 4-5　选择切片　　　　　　　　　　　　　图 4-6　选中多个切片

2．调整切片大小和移动切片

选中的切片可以调整大小，也可以移动位置。使用【切片选择工具】拖动切片定界框上的控制点即可调整切片的大小，如图4-7所示。

按住鼠标拖动切片，则可以移动切片的位置，如图4-8所示。切片移动后，会生成自动切片填补移动后的区域。

图 4-7　调整切片大小　　　　　　　　　　　图 4-8　移动切片

技 巧

按住Shift键可以限制在垂直、水平方向上，或者45°对角线上移动。如果按住Alt键拖动切片，则可以复制切片。

4.1.3　划分切片

可以均分选中的切片。使用【切片选择工具】选中一个切片，单击工具属性栏中的【划分】按钮，弹出【划分切片】对话框，如图4-9所示。在该对话框中可以设置水平或垂直等分切片。

选择【个纵向切片，均匀分隔】，设置数量后，可以纵向上均分切片，如图 4-10 所示。选择【个横向切片，均匀分隔】，设置数量后，可以横向上均分切片，如图 4-11 所示。

选择【水平划分】为【像素/切片】，设置数量后，可以纵向上按设定高度从上往下划分切片，如图 4-12 所示。选择【垂直划分】为【像素/切片】，设置数量后，可以横向上按设定宽度从左往右划分切片，如图 4-13 所示。

图 4-9　【划分切片】对话框

图 4-10　纵向均分

图 4-11　横向均分

图 4-12　固定高度划分

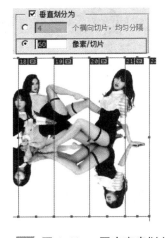

图 4-13　固定宽度划分

4.1.4　组合和删除切片

切片是可以再次组合和删除的，下面我们就切片的组合和删除给大家讲述一下。

1．组合切片

一个切片可以划分为多个切片，反过来，也可以将多个切片组合为一个切片。使用【切片选择工具】选中多个切片并右击，从弹出的快捷菜单中选择【组合切片】命令，即可将当前选中的多个切片组合成一个切片，如图 4-14 所示。

2．删除切片

选中切片后，按 Delete 键即可将其删除。执行【视图】|【清除切片】命令可以清除所有创建的切片，但同时会保留一个全图像大小的自动切片，如图 4-15 所示。该切片无法删除，只能隐藏。

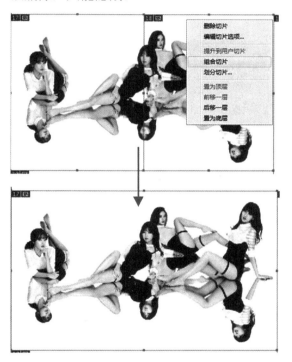

剩下一个自动切片

图 4-14　组合切片　　　　图 4-15　清除切片效果

4.1.5　转化为用户切片

基于图层的切片和自动切片无法进行移动、组合、划分操作。如果需要对基于图层的切片和自动切片进行这些操作，需要先将其转化为用户切片。另外，所有自动切片在优化时都采用共同的优化设置，若要为其设置不同的优化设置，也需要将其转化为用户切片。

使用【切片选择工具】选中需要转化的切片，如图 4-16 所示，单击工具属性栏中的【提升】按钮，即可将其转化为用户切片，如图 4-17 所示。

图 4-16　选中自动切片

图 4-17　提升成用户切片

4.1.6　设置切片选项

Photoshop 中的每一个切片除了包括显示属性外，还包括 Web 属性。使用【切片选择工具】选中一个切片后，单击工具选项栏中的【为当前切片设置选项】按钮■，打开【切片选项】对话框，如图 4-18 所示。其中，各个选项及作用如表 4-1 所示。

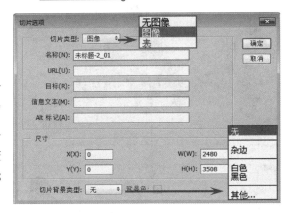

图 4-18　【切片选项】对话框

表 4-1　【切片选项】对话框中的选项及作用

选　　项	作　　用
切片类型	该选项用来设置切片数据在 Web 浏览器中的显示方式，分为图像、无图像与表
名称	该选项用来设置切片名称
URL	该选项用来为切片指定 URL，可使整个切片区域成为所生成 Web 页中的链接
目标	该选项用来设置链接打开方式，分别为_black、_self、_parent 与_top
信息文本	为选定的一个或多个切片更改浏览器状态区域中的默认消息。默认情况下，将显示切片的 URL（如果有）
Alt 标记	指定选定切片的 Alt 标记。Alt 文本出现，取代非图形浏览器中的切片图像。Alt 文本还在图像下载过程中取代图像，并在一些浏览器中作为工具提示出现
尺寸	该选项组用来设置切片尺寸与切片坐标
切片背景类型	选择一种背景色来填充透明区域（适用于【图像】切片）或整个区域（适用于【无图像】切片）

注　意

URL 选项可以输入相对 URL 或绝对（完整）URL。如果输入绝对 URL，一定要包括正确的协议（例如 http://www.baidu.com，而不是 www.baidu.com）。

当设置【切片类型】选项为【无图像】选项后,【切片选项】对话框更改为如图 4-19 所示。可以输入要在所生成 Web 页的切片区域中显示的文本,此文本可以是纯文本或使用标准 HTML 标记设置格式的文本。

图 4-19　切换为【无图像】选项

4.2　编辑 Web 文件

Web 文件就是网页文本文件,在网页设计制作中起到了非常重要的作用。本节主要讲述了 Web 文件的优化与导出。

4.2.1　快速导出可放大浏览 Web 文件

在对网页设计文件进行切片之前,我们还要了解 Photoshop 提供的图像局部放大浏览命令 Zoomify。

利用 Zoomify 命令可以将大尺寸、高分辨率的高清图像发布于网页。它为高清图像同时生成 JPEG 预览图和 HTML 文件。浏览者单击 JPEG 预览图即可在旁边的图框中看到当前鼠标指向位置的放大的高清图。当当网的图书封面预览就采用了类似技术处理,如图 4-20 所示。

在 Photoshop 中打开一幅高清图像,如图 4-21 所示。执行【文件】|【导出】|Zoomify 命令,弹出【Zoomify 导出】对话框,如图 4-22 所示。

当前鼠标区域　　预览图　　　　　放大图

图 4-20　局部放大预览

图 4-21　高清壁纸

图 4-22　【Zoomify 导出】对话框

在对话框中选择模板，设置好文件名称、保存路径、预览图大小，启用【在 Web 浏览器中打开】复选框，单击【确定】按钮，文件被导出并自动在浏览器中打开，如图 4-23 所示。

4.2.2 优化与导出 Web 图像

划分好切片的网页设计稿就可以优化导出了。利用【存储为 Web 所用格式】命令，为了最大化地降低输出文件的大小、有利于网络浏览，可以对不同的切片应用不同的优化设置。

图 4-23　预览 Zoomify

1. 存储为 Web 所用格式对话框

打开一张已经划分好切片的文件，执行【文件】|【导出】|【存储为 Web 所用格式】命令，打开【存储为 Web 所用格式】对话框，如图 4-24 所示。

对话框中的各个选项及其功能如下。

（1）查看切片：在对话框左侧区域中包括查看切片的不同工具，具体包括【抓手工具】、【切片选择工具】、【缩放工具】、【吸管工具】、【吸管颜色】与【切换切片可见性】。

（2）图像预览：在图像预览窗口中包括 4 个不同显示方式，即原图、优化、双联与四联。

（3）优化选项：在优化选项区域中，选择下拉列表中的不同文件格式选项，会显示相应的参数。

图 4-24　【存储为 Web 所用格式】对话框

（4）动画控件：如果是针对动画图像进行优化，那么在该区域中可以设置动画播放选项。

（5）状态栏：显示光标所在位置的图像的颜色值等信息。

（6）优化菜单：包含【存储设置】、【优化文件大小】、【链接切片】、【编辑输出设置】等命令。

（7）颜色表菜单：包含【新建颜色】、【删除颜色】命令以及对颜色进行排序的命令等。

2. 优化为 GIF 和 PNG-8 格式

GIF 和 PNG-8 是用于压缩具有单调颜色和清晰细节的图像（如艺术线条、徽标或带文字的插图）标准格式。与 GIF 格式一样，PNG-8 格式可有效地压缩纯色区域，同时保留清晰的细节。这两种文件均支持 8 位颜色，因此可以显示多达 256 种颜色。确定使用哪些颜色的过程称为建立索引，因此 GIF 和 PNG-8 格式图像有时也称为索引颜色图像。为了将图像转换为索引颜色，Photoshop 会构建颜色表，该表存储图像中的颜色并为这些颜色建立索引。如果原始图像中的某种颜色未出现在颜色表中，应用程序将在该表中选取最接近的颜色，或使用可用颜色的组合模拟该颜色。

第 4 章　切片并导出网页文件

图 4-25　GIF 优化项

这两种格式的优化项如图 4-25 所示，其中重要参数如下。

（1）优化的文件格式：用于设置采用哪种文件格式进行优化。

（2）颜色：用于设置优化后的颜色数量。颜色数越少，优化后的文件越小，但优化后的图像与原图差别就越大。

（3）透明度：确定是否在优化后保留透明，启用该复选框，将保留原图的透明效果；取消该复选框，则原图透明区域将被杂边选项所设置的颜色填充。

（4）杂边：设置填充透明区域的颜色。选择无，就表示用白色填充。

（5）Web 靠色：指定将颜色转换为更接近 Web 面板等效颜色的容差级别。数值越大，转换的颜色越多。

（6）损耗：通过有选择地扔掉数据来减小文件大小，【损耗】值越高，则会丢掉越多的颜色数据，如图 4-26 所示。通

（a）损耗 0　　　　　（b）损耗 100

图 4-26　不同损耗效果

常可以应用 5～10 的损耗值，既不会对图像品质有大的影响，又可以大大减少文件大小。该选项可将文件大小减小 5%～40%。

3. 优化为 JPEG 格式

JPEG 是用于压缩连续色调图像（如照片）的标准格式。该选项的优化过程依赖于有损压缩，它有选择地扔掉颜色数据。

图 4-27　JPEG 优化项

该格式的优化项如图 4-27 所示，其中的重要参数如下。

（1）压缩品质/品质：用于设置压缩程度。品质越过，压缩越小，图像保留细节越多，文件越大。

（2）连续：启用该选项，可以使图像在 Web 浏览器中以渐进方式显示。

（3）优化：启用该选项，可以创建更小的 JPEG 图像。

4．优化为 PNG-24 格式

PNG-24 适合于压缩连续色调图像，所生成的文件比 JPEG 格式生成的文件要大得多。使用该格式的优点在于可在图像中保留多达 256 个透明度级别。该格式优化项如图 4-28 所示，其设置同 GIF 和 PNG-8。

图 4-28 PNG-24 优化项

5．优化为 WBMP 格式

WBMP 格式是用于优化移动设备图像的标准格式。它支持 1 位颜色，即图像只包含黑色和白色像素，如图 4-29 所示。

（a）原图　　　　　　（b）优化后

图 4-29 WBMP 格式效果

4.3 切片和导出要点

切片后的网页图像还需要利用 Dreamweaver 进一步编辑，因此切片不仅仅是把图片分割成小块。为了便于后续的编辑，切片需要遵循一定原则。

1．不需要切的元素

在 Photoshop 完成的网页效果设计，只是一个网页建成后的效果展示。在切片的时候，并非效果图中所有的元素都需要切。以下元素不需要切。

（1）采用网页标准字体录入的文字不用切。例如采用宋体、黑体、微软雅黑等字体录入的中文文字，采用 Arial、Arial Black、Times New Roman、Verdana 等字体录入的英文文字。这些文字几乎能被所有计算机识别，因此可以保留为文字状态，而不必当作图片使用。

（2）纯色背景。单色元素可以直接在 Dreamweaver 中用代码描述，因此不需要作为图片使用。

2．切片顺序

切片时按照先从上到下，然后从左到右的顺序进行，划分的时候先整体后局部，如图 4-30 所示。

3．大图划小

一张完整的大图不适合作为一个切片，而应该划分为多个切片，每个切片的大小在 50KB 左右适宜，如图 4-31 所示，这样便于网络浏览加载。

（a）从上往下

（b）从左到右

图 4-30　划分顺序

4．按钮独立划出

网页中的按钮独立划分，如图 4-32 所示，便于以后编辑中可以进一步处理和更换。注意做了投影等效果的按钮，其投影也应该包括在切片内。

图 4-31　大图划分成多块

图 4-32　按钮划分

5．标志和文字保持完整

标志图案和文字应该保持完整，不能分割，它们都应该各自处于同一个切片内，如图 4-33 所示。这样便于显示的完整性，也便于今后的修改。

图 4-33　文字应保持完整

6．渐变图可只切 1px 宽或高

渐变背景图，垂直渐变的，只切 1px 宽，高与渐变高相等；水平渐变的，只切高 1px，宽与渐变等宽。如图 4-34 所示为垂直渐变切片。

7．导出设置

切片完毕，在具体导出的时候，需要注意以下几点。

图 4-34　垂直渐变白背景切片

（1）隐藏不需要切片的单色背景和标准字体文字。

（2）对卡通类图像，一般采用 GIF、PNG-8 格式，并且可以根据情况降低颜色数。

（3）对色彩丰富的照片，一般采用 JPEG 格式优化，优化品质可以设置为 60%。

（4）按钮切片用 GIF、PNG 格式，并启用【透明度】复选框。

（5）公用并且形状不是矩形的图像，需要单独导出，并启用【透明度】复选框。

4.4 案例实战：餐饮网站首页切片

本案例对餐饮网站首页进行切片。对制作好的网页效果文件进行切片前，需要分析网页中的元素哪些是静止不变的，哪些是共用元素。对于共用元素，一般需要单独导出，导出时应该隐藏其他图层。效果图如图 4-35 所示。

图 4-35　餐饮网站首页效果

1　打开餐饮网站首页效果文件，查看其内容和图层，如图 4-36 所示。

（a）内容

（b）图层

图 4-36　查看组成

2　根据查看，得知网页头部（页眉）标志是独立的图，标题文字是标准字体；主体部分，背景是一张美食图，悬浮于背景图上；底部（页脚），表示图片切换的圆形图标是组合的图，文字是标准字体。

3　选择切片工具，首先从上到下将页面、主体、页脚切片，如图 4-37 所示。

图 4-37　整体切片

4　隐藏所有文字图层，如图 4-38 所示。

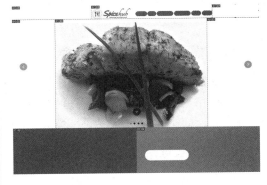

图 4-38　隐藏文字

5 执行【文件】|【导出】|【存储为 Web 所用格式】命令，打开如图 4-39 所示的对话框。

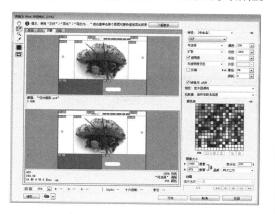

图 4-39　存储为 Web 格式

6 分别选中切片 1、3、4、6、7、8，设置优化格式为 JPEG，品质为 60%，如图 4-40 所示。选中切片 2、5，设置优化格式为 GIF，设置颜色数为 256，如图 4-41 所示。

图 4-40　JPEG 优化

图 4-41　GIF 优化

7 单击【存储】按钮，选择餐饮网页首页文件夹，设置名称为 canyin（网页图片只能用数字、英文命令），切片选项设置为所有切片，然后单击【保存】按钮，导出切片，如图 4-42 所示。

图 4-42　导出切片

8 打开餐饮网页首页文件夹，可以看到其中包括一个 image 文件夹，这是导出切片时程序自动创建的文件夹。打开该文件夹，可以看到所有导出的切片图像都在，如图 4-43 所示。

（a）

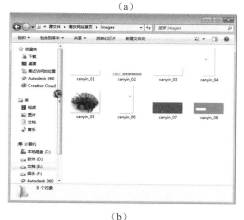

（b）

图 4-43　输出的切片文件

提 示

如果在【保存】对话框中，设置格式选项为【HTML 和图像】，则可以同时导出切片图像和 HTML 文件。本案例设置为【仅限图像】，因此只是导出了切片图像。

4.5 思考与练习

一、填空题

1. 有三种方式可以为图像创建切片，包括_____。

2. 划分切片分为_____和_____两种方式。

3. _____和_____无法进行移动、组合、划分操作。如果需要对基于图层的切片和自动切片进行这些操作，需要首先将其转化为_____。

二、选择题

1. 下列选项中_____不是 Photoshop 中切片需要遵循的原则。

   A. 不需要切的元素

   B. 切片顺序

   C. 大图划小

   D. 小图组合

2. 切片通常优化为_____和_____格式。

   A. GIF

   B. PDF

   C. PSD

   D. PNG-8

三、练习

绘制百丽公司首页划分切片并导出

本练习绘制百丽公司首页划分切片并导出。在页眉上有公司标志和导航按钮，在页脚处有欢迎文字和电话。主体部分是人物展示，单击按钮可以切换人物，如图 4-44 所示。

图 4-44 百丽网站首页效果

第 5 章

网页元素设计

不同网页元素构成不同的网页设计风格，体现着所属网站的总体风格和设计特色，吸引和引导用户进入网站中浏览。网页设计元素大体上包括网页图标设计、网页导航设计、网页广告设计、特效文字在网页中的应用。

本章主要用实例讲解用 Photoshop CC 对网页图标、网页导航、网页广告、特效文字四大网页元素进行设计。

5.1 网页图标设计

网站是由多个网页组合而成的，而网页之间跳转的桥梁就是带有链接的元素，其中图标是最为常用的链接元素。了解图标概念、网页图标的主要应用、网页图标设计原则、图标的保存格式是设计好网页图标的基础。

● 5.1.1 图标概念

图标是具有指代意义的图形符号，具有高度浓缩并快捷传达信息、便于记忆等特性。图标有广义和狭义之分。广义的图标泛指一切图形化的标识，如图 5-1 所示为交通标识。狭义的图标，专指计算机软件界面中的各种图形标识，网页图标即是其中的一个大类。

图 5-1　交通标志

网页图标是网页中特定的图形符号，不同的网页图标具有不同的符号意义，都带有一些直观明了的视觉感，能够让用户一目了然地了解网站的风格类型，方便用户更快捷地寻找到自己所要找的信息。如图 5-2 所示为网名为 zhoutiaoqing 的网友设计发布的矢量图风格网页图标，如图 5-3 所示是网名为 navyxia 的网友设计发布的网页图标。

图 5-2　矢量网页图标

图 5-3　带投影的网页图标

5.1.2　网页图标的主要应用

网页图标的每个图案都是具有特定的含义的，例如可以表示一个栏目、功能或命令等。一个衣服的小图标，就能让浏览者很容易辨别出这是跟衣服有关的网站，同时可以省去大段的内容功能介绍，也有利于不同国家之间不同语言用户的相互交流和沟通，如图 5-4 所示。

在网页设计中，会根据不同的需要来设计不同类型的网页图标。最常见到的是用于导航菜单的导航图标，以及用于链接其他网站的友情 Logo 图标，如图 5-5 所示。

网络图标也广泛用于功能提示，最常见的如搜索、服务、上传、下载图标等。如图 5-6 所示为法国某商务社交网站的功能图标。

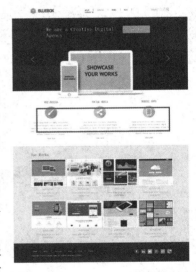

图 5-4　网页图标的优势

图 5-5　导航图标与链接 Logo 图标

图 5-6　功能图标

5.1.3　网页图标设计原则

图标设计的基本原则就是要尽可能地发挥图标的优点：比文字直观，比文字漂亮，减少图标的缺点：不如文字表达的准确。因此图标设计的基本原则主要有以下三点。

1. 可识别性原则

可识别性原则的意思是说，图标的图形要能准确表达相应的操作。换言之，就是让人一看就要明白它所代表的含义，这是图标设计的灵魂，如图 5-7 所示。

图 5-7　图标可识别性

2. 风格统一性原则

同一个界面，同一个网页，其所采用的图标应该风格统一。不要将不同风格的图标堆砌在一起，那样既不美观，又降低了图标的识别性，如图 5-8 所示。设计图标时，可以从这些角度来考虑图标的风格：简约还是精致、平面还是立体、抽象还是具

图 5-8　风格不统一的图标设计

体、严谨还是卡通、冷色还是暖色、方形还是圆形、加框还是不加框。

建议根基网站类型和风格，在具体设计图标前定义好整套图标的色板。设计中所有图标都只从定义的色彩中选色，如此能保证颜色的统一。

3. 视觉美观

追求视觉效果，一定要在保证差异性、可识别性、统一性原则的基础上，要先满足基本的功能需求，才可以考虑更高层次的审美需要。如图 5-9 所示是网名"小汤圆没有馅"网友发布的一组漂亮的扁平化图标设计。

图 5-9　扁平化图标设计

5.1.4　图标的保存格式

图标以简明的图案、颜色为主，因此网页图标保存格式主要是 GIF 与 PNG-8 两种。GIF 和 PNG-8 可支持 256 种索引色，不但占用空间小，完全满足一般图标的颜色表现，而且支持透明，便于图标在不同背景中的应用。

5.1.5　实战案例：商务网站图标制作

网站中的导航菜单多种多样，除了纯文字导航菜单和单色图标外，还可以利用图形

来装饰导航菜单。在网站导航栏目中加入相应的图标，如图 5-10 所示，既可以美化网站，又形象地表达了栏目含义。在制作具有装饰效果的图标时要特别注意构图简洁，以便于识别。导航菜单中的图标制作方法如下所示。

图 5-10　商务图标

1 新建一个 700×500 像素、白色背景的文档。新建"图层 1"命名为"屋顶"，使用【钢笔工具】画出一个形状。双击该图层调整【图层样式】，如图 5-11 所示。

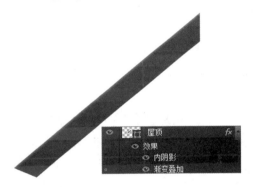

图 5-11　调整图层样式 1

2 复制图层"屋顶"得到图层"屋顶 副本"，执行【编辑】|【变换】|【水平翻转】命令，把两个部分对接起来，如图 5-12 所示。

图 5-12　复制图层 1

3 双击"屋顶 副本"，调整该图层的【图层样式】，如图 5-13 所示。

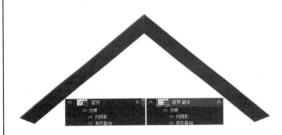

图 5-13　调整图层样式 2

4 新建图层"屋顶左"，使用【钢笔工具】绘制图形，填充颜色#700707，如图 5-14 所示。

图 5-14　绘制图形

5 复制图层"屋顶左"得到图层"屋顶右"，执行【编辑】|【变换】|【水平翻转】命令，把两个部分对接起来，如图 5-15 所示。

图 5-15　复制图层 2

6　在"背景"图层上新建一个图层，命名为"身
　　体"，用"钢笔工具"勾出如图 5-16 所示
　　的路径填充黑色，双击"身体"图层，调整
　　该图层的【图层样式】，如图 5-16 所示。

图 5-16　调整图层样式 3

7　复制"屋顶左"和"屋顶右"图层，分别命
　　名为"屋顶阴影左"和"屋顶阴影右"，隐
　　藏其他图层，执行【合并可见图层】命令，
　　把"屋顶阴影左"和"屋顶阴影右"合并为
　　"屋顶阴影"，填充颜色#5F5343，并把图层
　　位置调整到"屋顶左"图层下面，向下稍微
　　移动，如图 5-17 所示。

图 5-17　制作屋顶阴影

8　按住 Ctrl 键单击"身体"图层缩览图，按快
　　捷键 Shift+Ctrl+I 执行【选择反向】命令，
　　按 Delete 键删除多余阴影。执行【滤镜】I
　　【模糊】I【高斯模糊】命令，设置参数，如
　　图 5-18 所示。

半径(R): 3.0　像素

图 5-18　删除多余阴影

9　新建图层"门"，双击该图层，调整【图层
　　样式】，新建"图层 1"，选择"圆角矩形工
　　具"绘制半径为 3px、宽 40 像素、高 30
　　像素的黑色矩形。双击该图层，调整【图层
　　样式】。复制该图层并向下移动。把这两个
　　图层和图层"门"合并命名为"门"，如图
　　5-19 所示。

图 5-19　绘制"门"

10　新建图层"把手"，使用【椭圆工具】绘制
　　一个小圆，双击该图层，调整【图层样式】，
　　如图 5-20 所示。

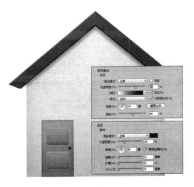

图 5-20　制作把手

11　新建图层"形状 1"，使用【钢笔工具】绘制如图 5-21 所示的图形，双击该图层，调整该图层的【图层样式】。

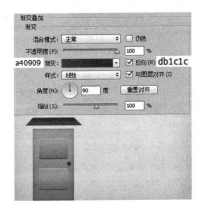

图 5-21　绘制"形状 1"

12　新建图层"形状 2"，使用【钢笔工具】绘制如图 5-22 所示的图形，并设置参数。

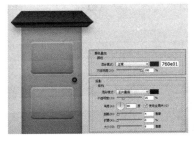

图 5-22　绘制"形状 2"

13　在"身体"上面新建"图层 1"，填充黑色，双击该图层调整【图层样式】，如图 5-23 所示。

图 5-23　调整图层样式 5

14　复制"形状 1"图层，执行【渐变叠加】命令，从#e1b06e 到#bd8645 渐变，其他参数默认。复制"形状 2"图层，填充颜色#a26431，并合理移动它们的位置，如图 5-24 所示。

图 5-24　复制图层

15　使用【矩形选框工具】绘制窗户，并调整【图层样式】，复制两次"门"图层，并调整适合窗户的大小，把"形状 1"、"形状 2"的复制图层合并为"形状 3"并复制以及调整适合窗户的大小，如图 5-25 所示。

图 5-25　复制调整图层

16 把构成窗户的这些图层合并为"窗户"图层，并复制两次，等比例缩小 70%，调整位置，如图 5-26 所示。

18 新建图层，绘制栅栏，添加渐变，如图 5-28 所示。

图 5-28 绘制栅栏

19 执行【文件】|【置入】命令，导入小树素材，调整位置。效果如图 5-29 所示。

图 5-26 复制"窗户"图层

17 新建图层，绘制烟囱，添加渐变，如图 5-27 所示。

图 5-29 导入小树素材

图 5-27 绘制烟囱

5.2 网页导航设计

好的网页导航（Navigation）使网页主次分明，让用户在浏览和使用时能快速访问到所需的内容。要想设计出优秀的网页导航，就要了解导航设计原则和技巧、导航样式、网页导航优化方向。

5.2.1 导航设计原则和技巧

网页导航条是链接网站各个站点的纽带，在整个网页中起着极其重要的引导作用。好的导航条能够给整个网页增光添彩，这就要求设计人员在设计的过程中掌握一些原则和技巧，使制作出来的导航能够满足特定网页的需求，现将这些原则和技巧介绍如下。

1．坚持一个导航栏

除大型门户网站因为资讯类别庞杂、导航项目众多外，对于绝大多数网站来说通常一个导航栏（条）就足够了。不要增加不必要的导航栏（条），可以用下拉菜单代替。这样可以使界面看起来更简洁明了。如图 5-30 所示是门户网新浪网的导航栏，如图 5-31 所示是中小型网站导航栏。

图 5-30　新浪网导航栏

图 5-31　中小型网站导航栏

2．清晰、简单、明显的菜单选项

使用清晰、简单易懂的文本，尽可能做到简单并能够表达清楚。这样可以方便用户的使用，使他们不会感到困惑，同时也会增加页面的美观。如图 5-32 所示为自在村创意网导航菜单。

图 5-32　导航菜单

3．不要使用多于两级的下拉菜单

尽量不要使用多于两级的下拉菜单，除非特别必要。使用多于三层的下拉菜单会增加操作过程的繁琐性，应该尽可能地做到减少菜单项目。如图 5-33 所示为两级下拉菜单。

图 5-33　两级下拉菜单

4．下拉菜单中不要多于 10 个选项

切勿在下拉菜单中放置多于 10 个选项，如图 5-34 所示。如果这样达不到要求，请重新设计栏目中的分类。

5．不要只放图标

图标是很重要的，但是如果菜单上只有图标的话，会使部分人群对图标产生不解，导致用户流失。在导航栏中，文字是第一要素。如图 5-35 所示的导航栏简洁别致，但用户不一定都能明白各图标的含义，例如那个瓶子是表示饮料类产品还是各类奶瓶？

图 5-34　下拉菜单选项

6．让你的设计方便触摸屏用户使用

触摸屏技术已经被广泛采用，所以你要让自己的导航栏方便触摸屏电子产品（例如

图 5-35　图标导航栏

IPAD）用户的使用。尤其对于下拉菜单而言，让它们更加容易被点击，而不是只能使用光标停留。

5.2.2　导航样式

导航是网站风格的主要组成部分，一个好的导航可以在确定网页风格的同时，使页面层次清晰。导航制作一直是需要设计师们重点思考的问题，也是网页创意的重要体现，现在互联网最流行的导航样式有以下几种。

1．水平导航条

水平导航条最常用于网站的主导航菜单，以水平方式排列导航项，通常放在网站所有页面的上方或下方，如图5-36所示。水平导航条的设计模式有时伴随着下拉菜单，当鼠标移到某个导航项上时会弹出它下面的二级子导航项。导航项一般是文字链接、按钮形状或者选项卡形状。水平导航条受屏幕宽度限制，因此导航条内栏目或者链接数有限。

图 5-36　水平导航条

2．垂直导航条

垂直导航条是以垂直的方式排列导航条，如图5-37所示，导航项被排列在一个单列上，在主内容区满足读者从左到右的阅读习惯，左边的竖直导航条比右边的竖直导航条效果要好。垂直导航条可以与子导航菜单一起使用，也可以单独使用。它多用于包含很多链接的网站主导航，由于可以处理很多链接，当竖直菜单太长时可能将用户淹没，这时可以尝试限制引入的链接数，使用飞出式子导航菜单以提供网站的更多信息。同时考虑将链接分放在直观的类别当中，以帮助用户很快地找到自己感兴趣的链接。

图 5-37　垂直导航条

3．选项卡导航

选项卡导航可以设计成任何想要的样式，它存在于各种各样的网站里，并且可以纳入任何视觉效果，对用户有积极的心理效应，如图5-38所示。人们通常把导航与选项卡关联在一起，因为他们曾经在笔记本或资料夹里看见选项卡，并且把它们与切换到一个新的章节联系在一起。选项卡导航通常需要更多的标签、图片资源以及CSS，不太适用于链接很多的情况。

图 5-38　选项卡导航条

选项卡也适合任何主导航，虽然它们在可以显示的链接上有限制，尤其在水平方向的情况下。可以将它们用于拥有不同风格子导航的主导航的较大型网站。

4．面包屑导航

图 5-39 面包屑导航条

它是二级导航的一种形式，是辅助网站的主导航系统，如图 5-39 所示。面包屑对于多级别具有层次结构的网站特别有用。它们可以帮助访客了解当前自己在整个网站中所处的位置。如果访客希望返回到某一级，只需要单击相应的面包屑导航项即可。一般格式是水平文字链接列表，通常在两项中间伴随着左箭头以指示层级关系，从不用于主导航。

面包屑不适于浅导航网站。当网站没有清晰的层次和分类的时候，使用它也可能产生混乱。面包屑导航最适用于具有清晰章节和多层次分类内容的网站。

5．标签导航

标签经常被用于博客和新闻网站中。它们常常被组织成一个标签云，导航项按字母顺序排列(通常用不同大小的链接来表示这个标签下有多少内容)，或者按流行程度排列，如图 5-40 所示。标签是出色的二级导航，很少用于主导航，它可以提高网站的可发现性和探索性，通常出现在边栏或底部。如果没有标签云，标签则通常存在于文章顶部或底部的元信息中，这种设计让用户更容易找到相似的内容。

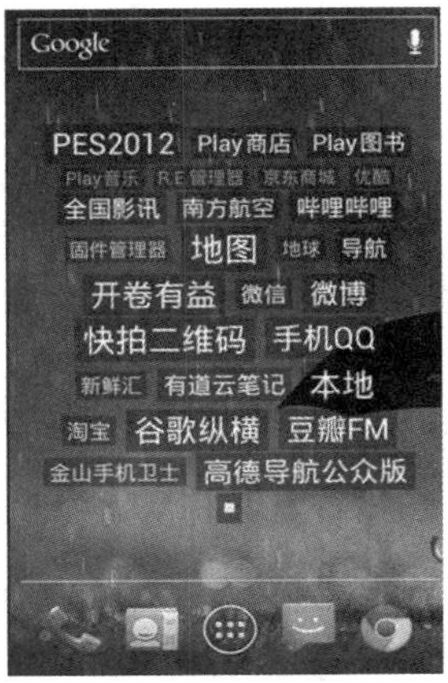

图 5-40 标签导航

6．搜索导航

近些年来网站检索已成为流行的导航方式。它非常适合拥有无数页面并且有复杂信息结构的网站，如图 5-41 所示，搜索也常见于博客和新闻网站，以及电子商务网站。

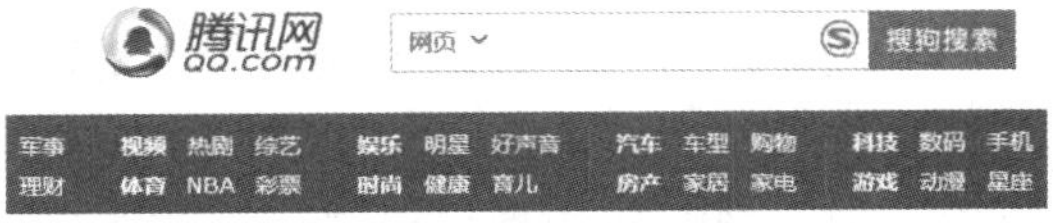

搜索导航对于明确清楚自己搜索目的的访客非常有用，但是有了搜索并不代表就可以忽略好的信息结构。它对于那些没有明确搜索目的或是想发现潜在兴趣内容的浏览者依然非常重要。

图 5-41 搜索导航

搜索栏通常位于顶部或在侧边栏靠近顶部的地方，出现在页面布局中的辅助部分。

7．飞出式菜单和下拉菜单导航

飞出式菜单（与竖直/侧边栏导航一起使用）和下拉菜单（一般与顶部水平栏导航一起使用）是构建良好导航系统的好方法。它使得网站整体上看起来很整洁，而且使得深层章节很容易被访问，用于多级信息结构中，使用 JavaScript 和 CSS 来隐藏和显示菜单，显示在菜单中的链接是主菜单项的子项，菜单通常在鼠标悬停在上面时被激活，有时候也可能是鼠标单击时激活，如图 5-42 所示。

图 5-42 飞出式菜单

飞出式菜单和下拉菜单可以在视觉上隐藏数量繁多或很复杂的导航层次，可以根据用户的需求显示子页面和局部导航，并且不需要用户首先单击打开新的页面。

8. 分面/引导导航

分面/引导导航（也叫做分面检索或引导检索）最常见于电子商务网站。基本上来说，引导导航提供额外的内容属性筛选，假设你在浏览笔记本，引导导航可能会列出大小、价格、品牌等选项，基于这些内容属性，可以导航到匹配你条件的选项，如图 5-43 所示。

图 5-43 分页/引导导航

分页/引导导航几乎总是使用文字链接，设置在不同的类别或是下拉菜单下，常常与面包屑导航一起使用。它方便了用户购物，提升了购物体验，使用户更容易找到它们真正想要的东西。

9. 页脚导航

页脚导航通常用于次要导航，并且可能包含了主导航中没有的链接，或是包含简化的网站地图链接，如图 5-44 所示。访客通常在主导航中找不到他们想要的东西时会去查看页脚导航。页脚导航常用于放置其他地方都没有的导航项，通常使用文字链接，偶尔带有图标。

图 5-44 页脚导航

5.2.3 网页导航优化方向

每个用户想要从网站上获取的东西都是不一样的，根据用户选择的不同需要对导航进行一些合理化的设计，主要列出了以下优化方向。

1. 提高有效导航的利用率

将用户最常用或效果最佳的导航放在最醒目的位置，方便用户的使用，提高工作效率。

2. 去除无效导航或者无人使用的导航

导航功能并不是越多越好，只要提供够用、有效的导航就行，结合上面的利用率和实现度，将那些没人使用或点击转化较差的导航功能进行精简。

3. 提高导航描述与对应内容的关联度

不要误导用户，赢得用户的信任并保持用户对网站的兴趣。不要试图去做标题党，如果一个导航页面拥有较好的利用率和实现度，那么千万不要辜负用户的期望，要为他们提供相符的高质量的内容，这样才能真正地留住用户。

4．优化导航页面内容的组织和展示

如果有效性不高，用户经常需要在导航页中逗留一段时间才能找到自己想要去的地方，那么导航页就失去了其最根本的价值。如何更好地展示导航的内容是一个复杂的问题，这就涉及到信息设计、分类、排序等多方面。

5.2.4　导航条设计欣赏

为了吸引更多的用户，网站设计师们便需要绞尽脑汁，使出浑身解数来把导航条设计得更加漂亮，并且符合网站的整体风格，突出其特色。能够在众多的网站设计中脱颖而出是一件需要充分唤醒大脑创意细胞的不易之事。下面来欣赏一些设计师的设计成果。

用抽屉的形式来表现导航条，木质材质的导航可以提高网站的质感和美感，加深用户对网站的认可度和审美印象，如图 5-45 所示。

图 5-45　木质抽屉导航条

两条水平的白色虚线和一条灰色的垂直线仿佛是缝在布上的线脚。这种风格给人一种自然以及手工的感觉，如图 5-46 所示。

图 5-46　线脚式导航条

使用纸片来搭建导航条的整体框架，可以增加导航的整体活泼感，在灰色、黑色的背景中使用粉色、蓝色和黄色的纸片可以使导航更加亮眼，吸引浏览者的眼球，增加点击量，如图 5-47 所示。

图 5-47　纸片导航条效果

在导航条的造型设计方面设计师采用了单击时呈现下陷效果的方式，视觉上给人呈现一种纸条或者按键的流动感，使静中带动，增加整个页面的层次感，如图 5-48 所示。

图 5-48　按键式导航条

在导航条中采用手绘简笔画的方式来具象表现导航条中的内容，一目了然的同时，视觉上使页面更加得俏皮可爱，增加对网页风格的初步认识，如图 5-49 所示。

图 5-49　简笔画导航效果

当单击导航条中的某个按键时，按键下面会出现一个蓝色的下划线，来表示此按键已经被选中，字体和下划线的颜色跟背景色都相差很大，可以起到突出显示的作用，如图 5-50 所示。

整个页面中使用箭头来代表整个导航，简单又极易操作，用户可以向右拉动滚动条来选择自己想要的页面内容，如图 5-51 所示。

图 5–50　带有下滑线的导航效果

图 5–51　带有箭头的导航页面

简洁页面的简洁导航设计，给人清新凉爽的感觉，如图 5-52 所示。

餐饮类网站中出现的跟饮食相关的导航页面，如图 5-53 所示。在导航中出现了一个黑色的铁锅，当用户打开页面的时候，第一时间就会抓住用户的眼球，跟饮食主题切合的同时，又会引导用户打开其他链接。

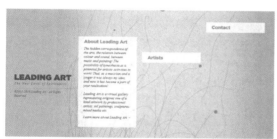

图 5–52　简洁凉爽的导航设计

图 5–53　餐饮类导航页面

5.2.5　案例实战：导航条设计案例 1

网页中导航条的类型多种多样，其中的图案和颜色搭配也是多种多样的，成功的导航条都是主体事物突出、简洁不累赘的，在配色上也都是搭配合理，呈现和谐的状态。导航条设计案例比较适合轻松愉快的网站风格，如图 5-54 所示，小夹子和纸片都呈现出活泼闲适的感觉，是导航条设计中的一个小小的创意。

图 5–54　导航条

1 新建一个宽度和高度分别为600像素和180像素、白色背景的文档，命名为"导航条设计1"，如图5-55所示。

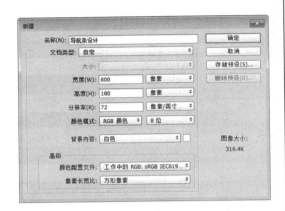

图 5-55 新建文档

2 给白色背景填充 b6b9a8 颜色，效果如图5-56所示。

图 5-56 填充颜色

3 新建图层，命名为"绳索"，使用钢笔工具绘制一条绳索的路径，如图5-57所示。

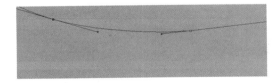

图 5-57 绘制绳索路径

4 将前景色设置为白色，使用5像素大小的画笔对路径进行描边，单击路径面板中的【用画笔描边路径】按钮，即可对路径进行描边，画笔工具的设置和描边效果如图5-58所示。

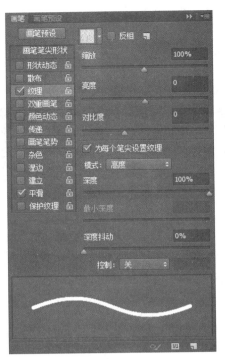

（a）画笔纹理设置

（b）单击路径描边

（c）描边效果

图 5-58 对路径进行描边

5 新建图层，命名为"纸片背景 1"，使用矩形选框工具绘制一个矩形，填充#e31212颜色，并为其添加投影，绘制纸片，投影设置及其效果如图5-59所示。

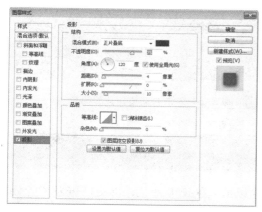

图 5-59　绘制纸片

6　拖入素材"夹子",并调整纸片和夹子的相对位置,效果如图 5-60 所示。

图 5-60　拖入素材"夹子"

7　使用【横排文字工具】在纸片上输入文字 services,文字属性设置如图 5-61 所示,并适当地调整其位置。

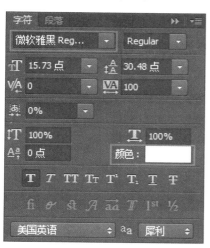

图 5-61　输入文字

8　新建组,重命名为"纸片 1",将"纸片背景 1"、"services"和"夹子"素材图层都拖入新建的"纸片 1"组中。按快捷键 Ctrl+J 对"纸片 1"进行三次复制,依次将其命名为"纸片 2"、"纸片 3"、"纸片 4",如图 5-62 所示。

图 5-62　复制纸片组

9　调整复制的组的位置,并将"纸片 2"、"纸片 3"、"纸片 4"中的纸片背景颜色依次修改为#e3e112、#123ee3、#1ce312,方法是将前景色进行相应颜色的修改,然后按 Ctrl 键并单击所要填充的图层,按快捷键 Alt+delete 进行填充,并将 "纸片 2"、"纸片 3"、"纸片 4"中的文字依次修改成 work、about、contact,并对文字的位置进行相应的调整,效果如图 5-63 所示。

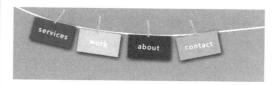

图 5-63　修改文字

10 将"猫头鹰"素材拖入画布中，命名为"猫头鹰1"，并复制一个素材图层，命名为"猫头鹰2"，利用【移动工具】和快捷键 Ctrl+T 对两个素材图层的相对位置和大小进行调整，效果如图 5-64 所示。

图 5-64　添加调整猫头鹰素材

5.3　网页广告设计

由于网络的日益发展，网络广告的市场正在以惊人的速度增长，网页广告发挥的效用显得越来越重要。做好网页广告设计就要了解网络广告形式和网页广告设计技巧。

5.3.1　网络广告形式

网络在人们的日常生活和交流沟通中扮演着重要的角色，成为一个重要的新型媒体。如何充分利用网络媒体投放广告成为商家、设计师必须考虑的问题。网络广告从最初的横幅广告发展到如今，出现了多种形式，如全屏广告、对联广告、流媒体广告等。下面介绍常见的网络广告类型。

1．Banner 广告

Banner 广告，又称为横幅广告、旗帜广告，是互联网广告中最基本的呈现形式，是将表现商家广告内容的图片放置在广告商的页面上，如图 5-65 所示，它是以 GIF、JPG、SWF 等格式建立的静态或者动态的图像文件。Banner 广告内嵌在网页中，大多用来表现网络广告内容，同时还可以使用Java 等语言使其产生交互性，用 Flash 等动画制作工具增强效果的表现力。Banner 广告，根据其发布位置和大小不同，大型门户网将其划分为通栏广告（一般高 100 像素）、矩形广告（摩天楼广告，一般高 260像素左右）、按钮广告（一般高度在 150 像素以内）。矩形广告和按钮广告一般位于页面左侧或者右侧分栏中，矩形广告高度大于按钮广告。如图 5-66 所示是搜狐网上的 Banner 广告划分。

图 5-65　横幅广告

图 5-66　搜狐网 **Banner** 广告

2．全屏广告

全屏广告也可以认为是 Banner 广告，它是高度更高的通栏广告。只不过在寸土寸金的网络上，极少有客户能承受一个大尺寸的固定位置长时间播出的广告价格，因此全屏广告都是弹出式的,在网页打开的时候自动弹出,8s 左右后自动关闭。如图 5-67 所示是新浪网的弹出式全屏广告。全屏广告的高度一般大于 400 像素,宽度一般是 950 像素。

图 5-67　弹出式全屏广告

全屏广告一般存在于门户网站的首页,有的是静态的,有的是动画,几秒钟后自动消失,正常显示门户网站的内容。这种广告能在第一时间映入浏览者的视线中,加深浏览者对页面内容的印象。如图 5-68 所示为全屏动画广告。

图 5-68　全屏动画广告

3．对联广告

对联广告也是网页中常见的一种广告形式,该广告是在页面主题内容完全显示的情况下,在其两侧的空白区域位置出现的一种看上去像对联的一种广告形式。此种广告只能在分辨率为 1024×768 及以上的屏幕上正常显示。对联广告的尺寸一般在 100 像素×300 像素左右,既能完整地呈现广告内容,又不会影响页面的整体内容和布局,如图 5-69 所示。

图 5-69　对联广告

4．流媒体广告

流媒体广告就是采用了流媒体技术的网络广告,又叫做富媒体广告,有视频流媒体广告和音频流媒体广告两种。音频流媒体广告类似广播广告,视频流媒体广告类似电视广告。流媒体广告一般采用自动弹出播放或鼠标响应播放两种类型,播放时间一般在 5s 左右。如图 5-70 所示为流媒体广告。

图 5-70　流媒体广告

5.3.2　网页广告设计技巧

网页广告尺寸往往比传统广告小很多,"自我展示"时间十分短暂。如何在极短的时间里通过一个小块释放出吸引人的广告呢?除传统广告设计讲求的美观、创意外,网页广告更强调信息的简单、视线流畅。其实,如果把海报设计的要点"简单、醒目、有力"用在网页广告设计上,是非常妥当的。下面以 Banner 广告设计为例,介绍网页广告设计的一些常见技巧。

1. 颜色数目少，对比突出

颜色越多，信息就越分散，就越不宜留住读者的视线。因此 Banner 广告中的用色数越少越好。同时，广告中各颜色之间、广告颜色与网页颜色之间需要对比突出，如图 5-71 所示。

图 5-71　颜色突出

2. 用图简单，裁剪有力

用图简单，指的是用主题单一并突出的图、用背景简单的图、用近景图、用特写图。简单的图更有力、更吸引注意力，如图 5-72 所示。

同一张图，通过不同形式的裁剪，可以获得不同的效果。如果单从有力角度来说，局部比整体有力、不对称比对称有力、倾斜比水平有力，如图 5-73 所示。

复杂　　简单

复杂　　简单

复杂　　简单

图 5-72　用简单的图

3. 字体相近，关键字突出

广告中的文字采用字体不要太多，尤其是字体风格要保持接近，不适合同时使用风格迥异的字体，如图 5-74 所示。同时，广告中的关键字需要特别突出。记住，最突出的只能有一个，不要并列突出，更不要多点突出。如图 5-75 所示的文字处理是不恰当的，不知道哪个才是关键。

（a）原图　　　　　　　　　　　　　　　　（b）裁剪后

图 5-73　不同的裁剪效果

（a）

（b）

图 5-74　文字调整前后对比

4．视觉路线简单，相似元素抱团

设计中的视觉路线要符合从左到右、从上到下的阅读习惯，不要让视线来回往返，如图 5-76 所示。来回的视线跳跃，视觉容易疲劳；同时，因为信息分散，不方便大脑对信息的加工，读者看了后也难以记忆。通过将相似元素组合在一起，并按照阅读习惯进行排列，即可获得好的记忆效果。

图 5-75　不恰当的文字处理

（a）修改前

（b）修改后

图 5-76　视觉路线修改前后

5.3.3 案例实战：横幅动画广告

调查显示：网上最著名的 10%的站点吸引了 90%的用户，可见提高站点知名度，是扩大访问量的重要手段。下面将要制作的是网页的横幅动画广告。通过使用淡蓝色调的背景来体现音乐网站清新的风格，通过使用文字的闪动画和线条的动画，来体现网站快速和及时更新的基本要求。

本实例主要是通过【动画】面板中的位置关键帧来实现的，通过使用【移动工具】在画布上移动图片建立关键帧，得到动画效果。

1 新建 640×90 像素、分辨率为 72 像素/英寸的文档，分别导入素材，如图 5-77 所示。

图 5-77　导入素材

2 执行【窗口】|【时间轴】|【创建视频时间轴】命令，选择"人物"图层，单击【位置】属性前的【在播放头处添加或移去关键帧】按钮，在 0.00s 上建立关键帧，如图 5-78 所示。

图 5-78　创建关键帧

3 继续单击【位置】属性前的【在播放头处添加或移去关键帧】按钮，在 0.02s 上建立关键帧，使用【移动工具】将人物图片向右方移动，如图 5-79 所示。

图 5-79　创建移动动画

4 继续选择人物图层，在 0.10s 上建立关键帧，使用【移动工具】将人物图片向上方移动，创建抖动动画，如图 5-80 所示。

图 5-80　创建抖动动画

5 移动【当前时间指示器】放置到 0.17s 处，在此处建立关键帧，使用【移动工具】将人物图片向下方移动，创建抖动动画，如图 5-81 所示。

图 5-81　创建下方抖动动画

6 继续采用上述方法，在 0.26s 上建立关键帧，使用【移动工具】将人物图片向上方移动，如图 5-82 所示。

图 5-82　上方抖动动画

7 使用【横排文字工具】输入文字并填充颜色，按快捷键 Ctrl+T 改变文字的方向，将【当前时间指示器】移动到 0.29s 处，将【裁切剪辑的开头】拖至 0.29s 处，如图 5-83 所示。

图 5-83　移动动画轨道开始

8 复制文字，将文字颜色改为白色，继续把【当前时间指示器】移动到 1.0s 处，将【裁切剪辑的开头】拖至 1.0s，将【裁切剪辑的结尾】拖至 1.03s 处，如图 5-84 所示。

图 5-84　文字闪动画

9　继续采用上述方法，复制"我的音乐盒 拷贝"图层，将【裁切剪辑的开头】拖至 1.07s，将【裁切剪辑的结尾】拖至 1.10s 处，如图 5-85 所示。

图 5-85　文字动画

10　新建图层，使用【钢笔工具】绘制线条并填充颜色，绘制完成之后，按 Alt 键复制线条图层，并分别调整其位置和角度，如图 5-86 所示。

图 5-86　绘制线条效果

11　选择最下方的线条图层，在 1.01s 处建立位置关键帧，使用【移动工具】将线条拖出画布外，继续在 1.18s 处建立关键帧，得到动画效果，如图 5-87 所示。

图 5-87　线条移动动画

12　采用上述方法，选择中间线条图层，在 1.25s 处建立关键帧，将中间线条拖出画布外，继续在 2.05s 处建立关键帧，如图 5-88 所示。

图 5-88　中间线条移动动画

13　选择短线条图层，继续采用上述方法添加关键帧，如图 5-89 所示。

图 5-89　短线条动画

14　选择上方线条，继续使用上述方法添加关键帧，创建移动动画，如图 5-90 所示。

图 5-90　上方线条移动动画

15 按快捷键 Ctrl+J 复制中间线条图层，并填充为白色，把【当前时间指示器】移动到 2.22s 处，将【裁切剪辑的开头】拖至 2.22s，将【裁切剪辑的结尾】拖至 2.25s 处，得到线条闪动画效果，如图 5-91 所示。

图 5-91　线条闪动画效果

16 复制白色线条，采用上述方法添加闪动画，如图 5-92 所示。

图 5-92　复制线条效果

17 使用【横排文字工具】T输入文字并填充颜色，将点文字【裁切剪辑的开头】拖至 2.27s 处，如图 5-93 所示。

图 5-93　文字动画效果

18 按快捷键 Ctrl+J 复制文字，并填充颜色为白色，将【裁切剪辑的开头】拖至 2.29s，继续将【裁切剪辑的结尾】拖至 3.00s 处，如图 5-94 所示。

图 5-94　文字动画

19 采用上述方法添加文字闪动画效果，如图 5-95 所示。

图 5-95　继续添加文字闪动画

20 采用上述方法继续对文字"我的音乐盒"添加动画，如图 5-96 所示。

图 5-96　添加文字闪动画

21 继续导入背景和 Logo 素材，放置在如图 5-97 所示的位置。

图 5-97　导入素材

22 选择背景素材，在 3.13s 处建立关键帧，使用【移动工具】将素材移至画布右侧，继续在 3.22s 处建立关键帧，创建移动动画，如图 5-98 所示。

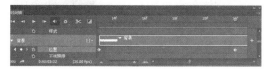

图 5-98　素材动画

23 采用上述方法继续移动 Logo 素材，将素材拖出画布左侧，使其不显示，继续在位置上添加关键帧，如图 5-99 所示。

图 5-99　Logo 动画效果

24 输入文字 "中国领先音乐社区"，并填充为黑色，选择"中"图层，在位置上添加关键帧，使用【移动工具】将素材移至画布上面，如图 5-100 所示。

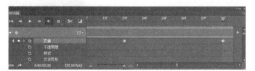

图 5-100　文字动画

25 采用上述方法继续为"国"添加动画，在 3.28s 处添加关键帧，移动之后，在 4.03s 处添加关键帧，如图 5-101 所示。

图 5-101　"国"文字动画

26 采用上述方法添加"领"字动画，在 4.03s 处添加关键帧，移动之后，在 4.10s 处添加关键帧，如图 5-102 所示。

图 5-102　"领"文字动画

27 继续采用上述方法添加"先"字动画，在 4.08s 处添加关键帧，移动之后，在 4.13s 处添加关键帧，如图 5-103 所示。

图 5-103　"先"文字动画

28 采用上述方法添加"音"字动画，在 4.13s 处添加关键帧，移动之后，在 4.18s 处添加关键帧，如图 5-104 所示。

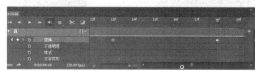

图 5-104　"音"文字动画

29 继续采用上述方法添加"乐"字动画，在 4.18s 处添加关键帧，移动之后，在 4.23s 处添加关键帧，如图 5-105 所示。

图 5-105 "乐"文字动画

30 采用上述方法添加"社"字动画,在 4.23s
处添加关键帧,移动之后,在 4.28s 处添加
关键帧,如图 5-106 所示。

图 5-106 "社"文字动画

31 继续采用上述方法添加"区"字动画,在
4.28s 处添加关键帧,移动之后,在 5.03s
处添加关键帧,将【工作区域的结尾】移至
制作完成的动画的后面,如图 5-107 所示。

图 5-107 "区"文字动画

5.3.4 案例实战:弹出式窗口动画广告

在门户网站中最常见的网络广告就是弹出式小窗口广告,其中以产品广告为主,当
然还有其他类型的网络广告,下面
制作的就是网上购物网站的广告,
如图 5-108 所示。由于该网上购物
网站是新建立的网站,所以在大型
的门户网站首页链接弹出广告,以
让更多的浏览者认识和了解该网上
购物网站。因为目的明确,该网络
广告只是简单地将网站标志和网站
中的活动显示在其中,所以简单地
将广告语制作为动画即可。

该网上购物广告效果图是在紫
色的背景中输入橙色、蓝色的广告
语,不仅醒目、而且整体色彩较为
协调。

图 5-108 弹出式窗口动画广告

在制作该动画时,重点在于对广告语的复制、放大与旋转,这关系到最终的动画

效果。

操作步骤：

1 新建 400×300 像素、【分辨率】为 72 像素/英寸的文档，在工具箱中设置【前景色】和【背景色】，选择【渐变工具】▣，由左到右拉出如图 5-109 所示的线性渐变。

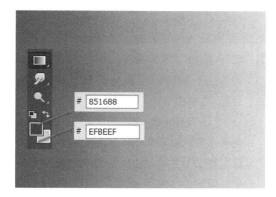

图 5-109　填充背景

2 按快捷键 Ctrl+N 再次新建 35×30 像素、【分辨率】为 72 像素/英寸、【背景】为透明的文档，设置【前景色】为白色，选择【自定形状工具】▣，在工具选项栏的【自定形状】拾色器中选择【五角星】，在画布左上角位置创建 W 和 H 均为 15 像素的白色五角星，如图 5-110 所示。

图 5-110　绘制白色五角星

注　释

用户可以使用辅助线作为参考，这样可以绘制较为精确的五角星。创建背景图案，该图案的背景为透明，这样在画布中平铺图案时才不会影响下方的图形。

3 执行【编辑】|【定义图案】命令，在弹出的对话框中输入该图案的名称，接着新建"图层 1"，执行【编辑】|【填充】命令，在打开的【填充】对话框中选择【使用】下拉列表中的【图案】选项，选中定义好的图案，填充在整个画布中，并且设置该图层的【不透明度】，如图 5-111 所示。

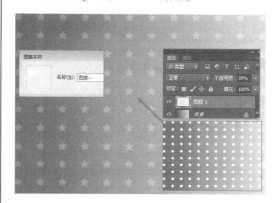

图 5-111　使用图案填充

4 新建"图层 2"，选择【圆角矩形工具】▣，设置【圆角半径】为 15 像素，在画布下方创建 380×130 像素、白色圆角矩形。选择【椭圆选框工具】▣，结合 Shift 键分别在圆角矩形 4 个角位置建立正圆选区，并且删除选区中的白色区域，创建正圆镂空，如图 5-112 所示。

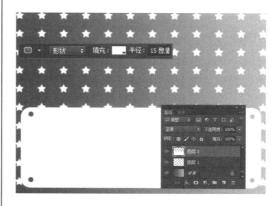

图 5-112　绘制圆角矩形

5 复制"图层 2"为"图层 3"，并将"图层 3"放置在"图层 2"下方，更改其填充颜色为黑色，设置图层的【不透明度】，利用【移动工具】分别向下和向右移动 5 个像素，如图 5-113 所示。

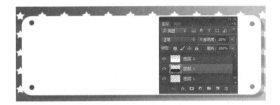

图 5-113　创建产品放置区域

6 按快捷键 Ctrl + O，打开素材图片"冰之恋 .psd"、"宝格丽 .psd"、"大卫杜夫回音 .psd"，分别按 Ctrl + T 快捷键将其成比例缩小，调整位置如图 5-114 所示，使用【横排文字工具】在图片下方输入相应的产品名称。

图 5-114　制作产品展示

技 巧

利用【自由变换】命令缩小图片时，可以单击工具选项栏中的【保持长宽比】按钮，按 Enter 键即可成比例缩小。

7 新建"图层 7"，选择【矩形工具】，在画布左上角位置创建矩形路径，结合【直接选择工具】和【转换点工具】调整其形状，按 Ctrl + Enter 快捷键转换为选区，使用设置的前景色对其填充，取消选区，如图 5-115 所示。

图 5-115　创建不规则图形

注 释

在由矩形调整为不规则图形时，注意边缘的曲线程度。

8 复制该图层并放置在其下方，更改填充颜色为黑色，降低其【不透明度】为 20%，并且利用【自由变换】命令中的【斜切】和【扭曲】选项调整形状。在最上方新建"图层 9"，使用【多边形套索工具】建立不规则选区，由右至左填充由紫色到透明的线性渐变，如图 5-116 所示。

图 5-116　创建不规则图形的阴影

9 选择【横排文字工具】，参数设置如图 5-22 所示，在深紫色不规则区域中输入"降"字样，并且利用【自由变换】命令，根据其背景倾斜角度旋转文本角度。利用【自定形状工具】中的【箭头 7】形状，在文本右侧创建白色箭头，至此，广告中的注释语制作完成，如图 5-117 所示。

图 5-117　在不规则图形中创建广告注释语

10 继续使用【横排文字工具】，在圆角矩形左上方输入"全场降价促销！"字样。双击该图层打开【图层样式】对话框，启用【投影】

样式，设置【不透明度】为65%、【距离】为6像素、【大小】为0；启用【颜色叠加】样式，设置【叠加颜色】为#FF9900；启用【描边】样式，设置【描边颜色】为白色，其他参数默认，如图5-118所示。

图 5-118 创建广告主题语

11 利用【圆角矩形工具】在文本右侧创建【半径】为25像素的白色圆角矩形，并且将步骤（10）中设置的【图层样式】复制到该图层中，更改【投影】样式中的【不透明度】为30%、【距离】为5像素；更改【描边】样式中的【大小】为2像素。接着在上方创建高光，输入如图5-119所示的内容。

图 5-119 创建按钮

12 下面制作该广告中的标志，标志由中文"拍拍"和其拼音组成，利用Arial Black和"方正粗倩简体"分别输入"paipai"和"拍拍"字样，并且为中文文字添加2像素的白色描边，如图5-120所示。

图 5-120 输入广告中的网站标志文本

13 在字母图层下方新建6个图层，利用【多边

形套索工具】创建6个字母大小、不同形状的不规则矩形选区，由左至右依次填充颜色为#FF9900——#00BFF3——#FFCC33——#94D030、#F583BC——#9D98CC，并且将"拍拍"文字所在图层的【图层样式】分别复制在这6个图层中，如图5-121所示。

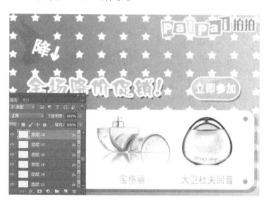

图 5-121 创建字母背景

14 右击字母图层，执行【栅格化文字】命令将其转换为普通图层，选择【矩形选框工具】，结合Ctrl键将字母逐一移至相应的矩形中。在【图层】面板中调整背景矩形的上下位置，并且将遮住其他矩形的矩形所在图层的【填充】设置为50%，效果如图5-122所示。

图 5-122 调整背景和字母位置

注 释

这里只是降低了不规则矩形所在图层中的填充区域的不透明度，而描边区域保持不变。

15 在所有图层最上方分别输入"香水专卖街新登场"与"42 元起售"字样，并且为其添加 2 像素的白色描边。结合 Shift 键同时选中这两个图层，使其中心对齐，文本参数设置如图 5-123 所示。

图 5-123　输入两组广告语

输入的这两组广告语为动画停顿的最终效果。

16 隐藏上方文本图层，将广告语文本图层复制 5 份并且隐藏，选中原始文本图层，按 Ctrl + T 快捷键，单击工具选项栏中的【保持长宽比】按钮 ▣，各项参数设置如图 5-124 所示，按 Enter 键结束。

图 5-124　制作旋转文本

17 选中上一文本图层，成比例放大相同倍数，旋转 60° 。以此类推，逐一向上调整图层中的文本，最上图层文本保持不变，如图 5-125 所示。

图 5-125　继续旋转文本

为了方便观察，隐藏所有"香水专卖街新登场"的文本图层后，再开始制作第二句广告语的文本旋转。

18 复制"42 元起售"文本所在图层 4 份，由上至下第 2 个图层开始成比例放大 120%，依次设置【旋转角度】为-30° 、-100° 和 30° 。设置最下图层中的文本成比例放大 150%，旋转-30° ，并且向左下角位置移动，如图 5-126 所示。

图 5-126　用相同方式制作另一组文本旋转

19 现在开始创建广告语旋转动画。显示最底层广告语，将其上方所有广告语图层隐藏。执行【窗口】|【动画】命令，打开【动画】调板，同时创建动画第 1 帧。复制第 1 帧为第 2 帧，隐藏当前图层，显示上一图层，如图 5-127 所示。

图 5-127　在【动画】调板中创建帧

20 使用相同的方法创建第 3 帧至第 6 帧，将广告语"香水专卖街新登场"动画创建完成，单击第 6 帧的【选择帧延迟时间】，选择弹出式菜单中的【1.0 秒】选项，在该帧处停顿，如图 5-128 所示。

图 5-128　创建广告语动画

专家指南

为了使动画流畅，旋转文本的动画帧的延迟时间为 0s，只有水平放置的文本动画帧的延迟时间为 1s。

21 复制第 6 帧为第 7 帧，更改该帧的【选择帧延迟时间】为无延时，隐藏当前图层显示上一图层。使用相同的方法创建广告语"42元起售"动画，并且将最后一帧的【选择帧延迟时间】更改为 1.0s。至此，网上购物动态网页广告制作完成。动画效果如图 5-129 所示。按快捷键 Ctrl + Alt + Shift + S 保存文档为 GIF 动画图片。

图 5-129　文字动画效果显示

5.4　特效文字在网页中的应用

在网页中使用文字特效，能使网页上的文字以与众不同的方式显示，吸引浏览者去浏览。PhotoShop CC 可以通过各种工具、滤镜功能、图层样式功能，还可以将滤镜与图层样式相结合、将通道与滤镜功能相结合等，制作多种文字特效。

5.4.1　特效文字在网页中的应用

大量网络信息通常是通过文本、图像、Flash 动画等呈现的，其中文本是网页中最为重要的设计元素，而特效文字在网页中占有重要的地位，相对于图形来说是网页信息传递最直接的方式。在网站进站导航首页中，经常会以特效文字作为网站名称和进站链接。

如图 5-130 所示，在首页中应用金属特效文字作为该网站的名称，该特效文字在处理颜色和质感上与网页相统一，而且视觉冲击力较强。

如图 5-131 所示，则是以文字的纹理特效作为该网页的链接导航，在白色背景中，使用红色与黑色的暗花底纹特效，在页面中很跳跃、醒目。

图 5-132 所示的绿色立体文字，在该网页中起到吸引浏览者视觉焦点和阅读兴趣的作用。

图 5-130　文字的金属特效

图 5-131　文字的纹理特效

图 5-132　立体字效

在网页 Banner 中，网站名称或者以文字设计的网站标志，为了配合网页整体效果，会以相应的特效文字显示在网页中，以突出网站名称，如图 5-133 所示蓝色与白色结合的连体字作为网站的名称显示。

图 5-134 所示，是以渐变文字作为网站的标志。文字色彩是由紫色到蓝色的渐变为标题的，该文字

图 5-133　连体字效

色彩的应用较为前卫，不仅与网页左侧图形中的色彩相呼应，又与黑色的背景相对比，较为突出。

在网络广告中为了突出广告语，或者是优惠活动，使浏览者可以在第一时间看到，通常会使用特效文字，如图 5-135 所示。网络广告中的渐变特效文字将广告中的网站名称和广告作用表达得醒目独特。

图 5-134　渐变字效

图 5-135　网络广告中的特效字

在网页制作中，只要是想突出的内容都可以制作成特效文字。特效文字的制作在 Photoshop 中可以通过图层样式功能、滤镜命令以及通道功能非常简单地完成。下面我们就根据实例来具体了解特效文字在网页中的应用和其具体制作方法。

● 5.4.2　射线字

在艺术性网站中，主要突出的是网页不规则布局和其网页特效。如图 5-136 所示的设计网站首页中，采用了黑色背景，并且在网页中间使用了发光效果的绿色图形，作为吸引浏览者目光的元素之一。在整体黑色调页面中为了突出网站名称，我们采用了射线特效文字，并放置在网页中间偏下位置，将网站

图 5-136　射线特效字

首页目光集中在网站名称上，而且文字色彩的使用与网页整体相统一。

在该字效中，尤其是为文字添加径向模糊的特效很重要，只有对其进行模糊，才能够制作出射线发光的效果。

操作步骤

1　在 1024×768 像素的黑色背景文档中，选择【横排文字工具】，在画布中间输入字母，如图 5-137 所示。

图 5-137　输入文字

2　结合 Ctrl 键单击文本图层缩览图，显示该文本选区，在新建"图层 1"中填充黑色。保持选区不变，执行【滤镜】|【杂点】|【添加杂色】命令，并在【添加杂色】对话框中设置各项参数，如图 5-138 所示。

3　按快捷键 Ctrl + D 取消文本选区。执行【滤镜】|【模糊】|【径向模糊】命令，启用【缩放】选项，并设置【数量】参数，为文本区

域设置缩放模糊。按快捷键 Ctrl＋F，重复应用一次该滤镜，如图 5-139 所示。

图 5-138　添加杂点

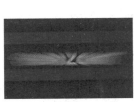

图 5-139　执行【径向模糊】命令

4 复制"图层 1"为"图层 2"，并且执行【滤镜】|【锐化】|【USM 锐化】命令，并设置【数量】、【半径】和【阈值】参数，如图 5-140所示。

图 5-140　添加 USM 锐化效果

注 释

执行【USM 锐化】滤镜命令，使其射线效果更加清晰。

5 根据步骤（3）中的方法，在"图层 2"中连续两次执行参数相同的【径向模糊】命令，接着设置该图层的【混合模式】，然后将文本图层放置在所有图层上方，如图 5-141所示，使其呈现光由文本后照射过来的效果。

图 5-141　调整图层顺序

提 示

要想将某一个图层放置在所有图层上方，可以选中该图层，然后按组合键 Ctrl＋Shift＋】即可。

6 结合 Ctrl 键重新显示文本图层中的文本选区，选择选框工具后右击，执行【变换选区】命令，在工具选项栏中将等比例缩小至40%，连续按两次 Enter 键结束命令，如图5-142 所示缩小选区。

图 5-142　缩小选区

注 意

在缩小选区尺寸时，应等比例、中心缩小选区。不能直接使用快捷键 Ctrl＋T，否则会将图形同时变形。

7 按快捷键 Shift+D，在打开的对话框中设置【羽化半径】5 像素，并且新建"图层 3"，在羽化后的选区中连续三次填充白色。取消选区，执行【高斯模糊】2 像素命令，调整该图层顺序，如图 5-143 所示。

注 意

添加光源，如果发现添加的光源过多，可以按快捷键 Ctrl＋T，结合 Shift 键向中心等比例缩小。

8 使文本图层处于工作状态，单击【图层】调板下方的【创建新的填充或者调整图层】按钮，选择【色相/饱和度】命令，接着启用【着色】选项，设置【色相】和【饱和度】

参数，调整适当的颜色，如图 5-144 所示。

图 5-143　对光源进行模糊

图 5-144　调整文字图层的色相

9 双击文本图层，在打开的【图层样式】对话框中启用【外发光】、【内发光】和【斜面和浮雕】样式，参数默认。接着，设置该图层的【混合模式】，如图 5-145 所示。

图 5-145　设置该图层的混合模式

10 至此射线文字制作完成，最后除【背景】图层外，合并所有图层，将合并图层中的特效文字放置在网页中即可，如图 5-136 所示。

5.4.3　火焰字

此 Banner 中的文字是以网络游戏中的画面为背景的，在该背景中搭配上激烈燃烧的火焰字，不仅增强了游戏刺激、热烈的画面气势，而且增添了视觉冲击力。让玩家的心里存下一个期待值，整个画面体现了游戏紧张、惶恐、令人不安、心跳加快的神秘感觉，而且字体的颜色也与画面的整体效果相协调，如图 5-146 所示。在制作火焰字的过程中，【风格化】命令中的【风】效果，在该特效中起到了铺垫作用，而运用【液化】命令描绘焰苗的操作，是制作逼真形象火焰字的重要环节。

图 5-146　火焰字

操作步骤

1 在 1024×768 像素、分辨率为 72 像素/英寸的黑色背景文档中,选择【横排文字工具】**T**,在画布中间输入字母,如图 5-147 所示。

◢◯ 图 5-147 输入内容

2 新建图层 1,按快捷键 Shift+Ctrl+Alt+E 合并可见图层,如图 5-148 所示。

◢◯ 图 5-148 合并图层

3 执行【图像】|【图像旋转】|【90 度(逆时针)】命令,执行【滤镜】|【风格化】|【风】命令,在【风】命令对话框中使用默认数值。接着,按快捷键 Ctrl+F,重复执行该命令三次,效果如图 5-149 所示。

◢◯ 图 5-149 执行【风】命令

4 执行【图像】|【图像旋转】|【90 度顺时针】命令,将图像恢复过来,执行【滤镜】|【模糊】|【高斯模糊】命令,并设置【半径】4 像素,如图 5-150 所示。

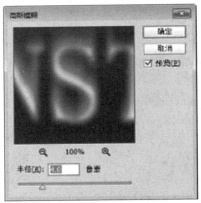

◢◯ 图 5-150 执行【高斯模糊】命令

5 执行【图像】|【调整】|【色相/饱和度】命令或者按快捷键 Ctrl+U,启用【色相/饱和度】对话框中的【着色】选项,接着设置各项参数,如图 5-151 所示。

图 5-151　为文字添加颜色

6　按快捷键 Ctrl+J，复制"图层 1"，再次按快捷键 Ctrl+U，并设置其参数，如图 5-152 所示。

图 5-152　继续为文字添加颜色

7　设置"图层 1 副本"的【混合模式】，这样，桔黄色和红色就能很融洽地结合到一起，如图 5-153 所示。

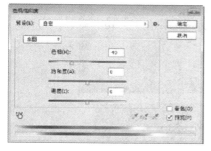

图 5-153　设置图层的混合模式

8　合并"图层 1 副本"和"图层 1"，即为新的"图层 1"，执行【滤镜】|【液化】命令，设置其画笔参数，在图像中描绘出主要的火焰，然后将画笔和压力调小，绘制出其他细小的火焰，如图 5-154 所示。

图 5-154　描绘火焰

注　意

如果在绘制过程中，有不满意的地方，可以选择【重建工具】，恢复原来的样貌。

9　接下来修饰火焰，使它的内外焰融合到一起、颜色均匀过渡，选择【涂抹工具】，在火焰上轻轻涂抹，不断改变笔头的大小和压力，以适应不同的需求，火焰的底部要和字体相符，否则会破坏最终效果，如图 5-155 所示。

图 5-155　修饰火焰

10　火焰的外观完成后，将文本图层放置为最上层，并更改字体颜色为黑色，让火焰稍微向下移动一点，这样可与字体比较融洽地结合到一起，如图 5-156 所示。

11　按快捷键 Ctrl+J 复制"图层 1 副本"，并将其放置为最上层，设置【混合模式】，如图 5-157 所示。

图 5-156　调整图层顺序

图 5-157　设置图层混合模式

12　单击【图层】调板的【添加图层蒙版】按钮
　　，为该图层添加一个蒙版，将前景色设置
　　为白色、背景色设置为黑色，选择【渐变工
　　具】，在蒙版中建立如图 5-158 所示的
　　渐变，这样文字就能从上往下逐渐显露
　　出来。

图 5-158　为文字添加渐变

13　新建"图层 1"，按快捷键 Shift+Ctrl+Alt+E
　　盖印可见图层。接着执行【滤镜】|【模糊】|
　　【高斯模糊】命令，设置其【半径】数值，
　　并设置该图层混合模式以及【不透明度】，
　　如图 5-159 所示。

图 5-159　创建盖印可见图层

14　再次盖印可见图层，更改图层的【混合模式】
　　以及【不透明度】，增强图像的发光效果，
　　如图 5-160 所示。

128

Photoshop 网页设计与配色标准教程

图 5-160　增强图像的发光效果

15 至此火焰特效字制作完成。将其缩放后，放置在 Banner 的适当位置，如图 5-146 所示。

5.4.4　金属字

该画面是一个游戏的界面，给受众以神秘、威武、气势恢弘，具有强悍挑战的视觉感受。界面中的金属特效文字形象逼真，如图 5-161 所示，它与金属图形相结合，无论从质感还是色彩上，都给人以心理和视觉上的平衡、统一的感受，以一种前所未有的魅力吸引着更多的玩家。

在制作该字效过程中，为文字添加【斜面和浮雕】以及【内发光】效果较为重要，这关系到文字金属质感与立体感的表现。

图 5-161　金属字效果

操作步骤

1 在 1024×768 像素、分辨率为 72 像素/英寸的黑色背景文档中，选择【横排文字工具】T，在画布中间输入白色字母，如图 5-162 所示。

图 5-162　输入内容

2 按快捷键 Ctrl + J 复制图层，接着右击"MSM 拷贝"图层，执行【栅格化文字】命令，隐藏图层 "MSM"，如图 5-163 所示。

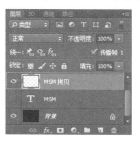

图 5-163　栅格化文字

3　结合 Ctrl 键选择"MSM 拷贝"图层，设置前景色并进行填充，选择图层调板下方的【添加图层样式】按钮 *fx*，执行【斜面和浮雕】命令，并在打开的对话框中设置其参数，如图 5-164 所示。

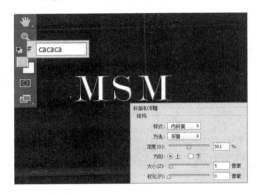

图 5-164　添加斜面和浮雕

4　双击"MSM 副本"图层，在打开的对话框中执行【内发光】命令，设置各项参数如图 5-165 所示。

图 5-165　添加内发光效果

5　运用上面的方法，将其他部分也做好，最终的效果如图 5-166 所示。

图 5-166　添加装饰

6　至此金属字效果制作完成。将其除背景以外的图层合并后，对其进行适当缩放并放置在网页的如图 5-161 所示的位置。

5.4.5　珠宝字

进入首饰网页一般首先映入眼帘的是一幅带有饰品的华丽图片。本案例采用的是一幅深灰色背景上放着两个金光闪闪的戒指图片，为了更好地表达网站的主题，将标识制作成珠宝文字，如图 5-167 所示。为了与背景整体色调统一，标识文字采用金黄色调，并放置在图片深色位置，使其醒目突出。

图 5-167　珠宝文字

1 新建一个文档，设置【宽度】和【高度】分别为 1100 和 800 像素，将【背景】图层填充为白色。设置前景色为 50%灰色，使用【横排文字工具】Ｔ输入 GS 字母。设置【字体】为 Arial Black、【字号】为 600 点，设置参数如图 5-168 所示。

◆ 图 5-168 输入文字

2 在【图层】面板中选择文字图层并右击，选择【转换为形状】选项，效果如图 5-169 所示。

◆ 图 5-169 将文字转换为形状路径

提 示

使用【直接选择工具】和【转换点工具】，将字母轮廓调整为圆滑曲线，如图 5-11 所示。

3 使用【圆角矩形工具】，设置【圆角半径】为 10 像素，并单击【工具栏】上的【从形状减去】按钮。在 G 字母下方建立两个矩形路径，按 Ctrl+Enter 快捷键将路径转换为选区。打开【通道】面板，单击【将选区存储为通道】按钮▣，创建 Alpha1 通道。使用【钢笔工具】✒绘制路径，如图 5-170 所示。

◆ 图 5-170 创建路径线条

4 设置前景色为"黑色"，选择【画笔工具】✎，设置【硬度】为 100%、【主直径】为 60 像素。打开【路径】面板，单击【用画笔描边路径】按钮○，对路径添加黑色描边，如图 5-171 所示。

◆ 图 5-171 路径描边

5 仍选择【画笔工具】，设置不同画笔大小，在白色字母上单击建立圆点并涂抹创建折线条，如图 5-172 所示。

◆ 图 5-172 绘制图形

6 复制 Alpha1 通道为 Alpha1 副本通道，选中该通道副本，执行【滤镜】|【模糊】|【高斯模糊】命令，设置【半径】为 5 像素，再次执行【高斯模糊】命令三次，分别设置【半径】为 3、2、1 像素，得到平滑的模糊效果，

如图 5-173 所示。

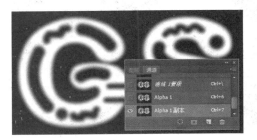

提　示

总共执行了 4 次【高斯模糊】命令。

7　按住 Ctrl 键的同时单击 Alpha1 通道缩览图，载入文字选区。打开【图层】面板，隐藏形状图层。新建"图层 1"，将选区填充为 30% 的灰色，取消选区，执行【滤镜】|【渲染】|【光照效果】命令，打开【光照效果】对话框。在该对话框的【纹理通道】下拉列表框中选择 Alpha1 副本通道，产生三维立体效果，如图 5-174 所示。

图 5-174　添加三维立体效果

技　巧

在【光照效果】滤镜中，选择准备好的通道为纹理通道后，能够得到具有凹凸效果的光照效果。

8　选中 Alpha1 通道，使用【魔棒工具】，按住 Shift 键，依次将文字的黑色区域选中，建立选区。返回【图层】面板新建"图层 2"，选择【画笔工具】，设置不同前景色在区域中涂抹，如图 5-175 所示。

图 5-175　新建图层

9　双击"图层 2"，打开【图层样式】对话框，启用【内发光】选项，设置【发光颜色】为"黑色"、【混合模式】为"正片叠底"，如图 5-176 所示。

图 5-176　添加内发光效果

10　启用【斜面和浮雕】选项，设置【阴影混模式】为"叠加"，设置【阴影颜色】为"白色"，设置参数，如图 5-177 所示。

注　意

【图层样式】对话框中的【斜面和浮雕】样式不仅能够制作出立体的效果，还可以通过设置【高光】和【阴影】选项中的【颜色】与【不透明度】参数，从而得到通透的效果。

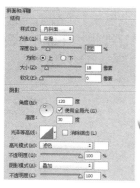

图 5-177 绘制透亮珠宝效果

11 载入 Alpha1 通道选区,在形状图层上新建图层"投影",填充 50% 的灰色。执行【滤镜】|【模糊】|【高斯模糊】命令,设置【半径】为 5 像素,向下和向右移动 5 个像素,如图 5-178 所示。

图 5-178 添加投影

12 选中"图层 1",设置【模糊半径】为 1 像素模糊图像。载入"图层 1"选区,执行【图层】|【新建调整图层】|【曲线】命令,调整曲线,添加金属质感,如图 5-179 所示。

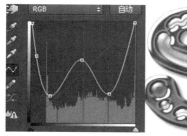

图 5-179 绘制金属质感

13 再次载入"图层 1"选区,单击【图层】面板下的【创建新的填充或调整图层】按钮 ◎,选择【色相/饱和度】选项。打开【色相/饱和度】对话框,启用【着色】选项,设置参数如图 5-180 所示。

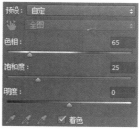

图 5-180 添加颜色

14 设置前景色为"白色",新建图层"亮光"。使用【多边形工具】◎,绘制大小不一的四角星,设置参数如图 5-181 所示。

图 5-181 添加亮光

15 珠宝文字制作完成,合并除背景以外的可见图层。然后将其文字放置在首饰网页的合适位置,如图 5-167 所示。

5.4.6 糖果字

为了配合糖果网络广告中的卡通形象,我们将糖果——PODING 制作成为糖果彩条特效字。用户可以将糖果文字制作成为各种颜色，只要在执行【半调图案】滤镜命令之前，设置【前景色】为所需糖果文字的颜色即可。为了使糖果文字看起来更卡通，在选择字体时应该选择边角圆滑的字体系列。如图 5-182 所示为糖果文字在广告中的应用。

◢ 图 5-182 　糖果字效

1 在 1024×768 像素、分辨率为 72 像素/英寸的白色背景文档中，选择【横排文字工具】T输入字母，参数设置如图 5-183 所示。

HAPPY

◢ 图 5-183 　输入字母

2 右击文本图层，选择【栅格化文字】命令，转换为普通图层。选择【矩形选框工具】，结合 Ctrl 键为每个字母进行扭曲或者透视变形，如图 5-184 所示。

◢ 图 5-184 　对字母进行扭曲

3 打开【通道】调板，因为现在图像还没有颜色信息，所以红、绿、蓝通道应该是完全一样的。选择【蓝色】通道复制，执行【图像】|【调整】|【反相】命令，如图 5-185 所示。

◢ 图 5-185 　对文字进行反相

4 新建"图层 1"并且填充为白色。执行【图像】|【旋转图像】|【90 度（顺时针）】命令，接着设置前景色为黄色（#FFE400），执行【滤镜】|【素描】|【半调图案】命令，继续执行【图像】|【旋转图像】|【90度（逆时针）】命令将画布返回原位，如图 5-186 所示。

5 执行【滤镜】|【扭曲】|【切变】命令，在打开的对话框中启用【未定义区域】中的【折回】选项，并且调整线条如图 5-187 所示，这时画布中的垂直线条变为斜纹效果。

图 5-186　制作图案

图 5-187　将垂直线条调整为向右下
倾斜的线条

6　按住 Ctrl 键载入通道蓝色拷贝选区，执行
【选择】|【修改】|【收缩】命令，设置
【收缩量】为 2，然后按快捷键 Shift+F6 打
开【羽化】对话框，设置【羽化半径】的数
值，反选。接着在【图层】调板中填充一种
较深的黄色，连续填充两次，取消选区，如
图 5-188 所示。

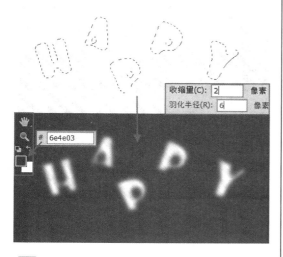

图 5-188　呈现黄色斜纹字母形状

7　新建"图层 2"，用白色填充图层。载入通
道蓝色拷贝选区，对选区进行收缩，返回【图
层】调板，用黑色填充选区后取消选择。执
行【滤镜】|【模糊】|【高斯模糊】命令，
得到如图 5-189 所示的效果。

图 5-189　对字母进行高斯模糊

8　载入 RGB 通道中的任意一个选区，按快捷
键 Ctrl+Shift+I 执行反向选择，执行【滤
镜】|【其他】|【位移】命令，并设置各
项参数。取消选区后，执行【滤镜】|【模
糊】|【高斯模糊】命令，设置【半径】数
值，如图 5-190 所示。

注　意

滤镜中的【位移】命令不可以用移动来替代。

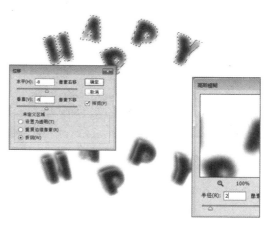

图 5-190　位移反选区域中的字母

9　执行【滤镜】|【风格化】|【浮雕效果】
命令形成立体效果，设置各项参数。接着按
快捷键 Ctrl+M，将曲线设置为如图 5-191

所示的效果。

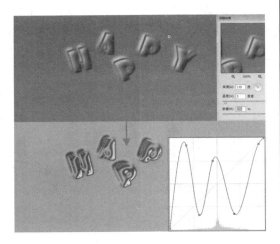

图 5-191　为字母形状添加浮雕效果

10　载入蓝色通道拷贝选区，收缩并羽化选区，对其反选删除后取消选择。接着设置该图层的【混合模式】和【不透明度】，完成第一个高光效果，如图 5-192 所示。

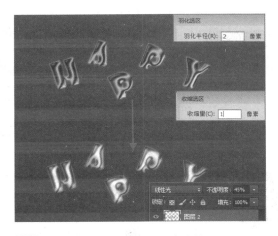

图 5-192　为文字添加高光效果

11　将"图层 2"向下合并，载入蓝色通道拷贝选区，按快捷键 Alt+Ctrl+D 打开【羽化】对话框，设置【羽化半径】为 4 像素，按快捷键 Ctrl+Shift+I 反选，执行【图像】|【调整】|【色阶】命令，将【灰阶值】设为0.51，取消选择，如图 5-193 所示。

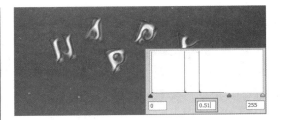

图 5-193　调整黄色斜纹字母形状的
　　　　　　明暗度

12　复制通道蓝色拷贝，将副本拷贝通道更名为高光，执行【滤镜】|【其他】|【位移】命令，设置各项参数。载入通道蓝色通道拷贝选区，反选后填充黑色，取消选择，如图5-194 所示。

图 5-194　删除左上角区域中的白色
　　　　　　字母部分形状

13　再执行一次【位移】滤镜命令，这次设水平和垂直值均为-6 像素、【未定义区域】为折回，载入通道【蓝色拷贝】选区，将选区填充为黑色后取消选择；继续应用【位移】滤镜将白色像素向下和向右移动 8 个像素，【未定义区域】为折回，如图 5-195 所示。

图 5-195　对文字执行两次高光

技　巧

在执行【位移】滤镜和显示选区填充颜色时，要注意哪一个通道处于工作状态，否则返回图层时效果将不明显。

14. 载入通道蓝色拷贝选区，【收缩选区】2 像素，反选后填充黑色，取消选择。执行【滤镜】|【模糊】|【高斯模糊】命令，半径为2.0 像素。然后用【色阶】调整，如图 5-196所示。

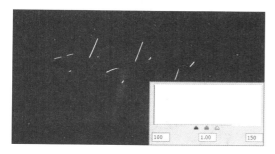

图 5-196　调整高光

15. 将当前通道设为选区，回到 RGB 通道，在【图层】调板中新建图层，用白色填充选区后取消选择。将图层【不透明度】设置为45%，向下合并图层。这样，糖果的立体效果得到进一步加强，如图 5-197 所示。

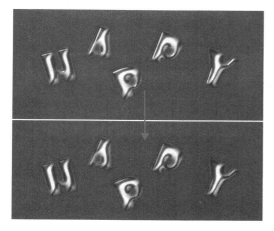

图 5-197　加强高光效果

16. 载入通道【蓝色拷贝】选区，反选后删除，取消选择。双击图层，在打开的对话框中启用【投影】样式，设置各项参数如图 5-198所示。

17. 在【通道】调板中，复制通道蓝色拷贝，将副本通道命名为"奶油"，执行【滤镜】|【其他】|【位移】命令，在【位移】对话框中设置其参数，如图 5-199 所示。

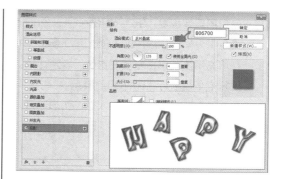

图 5-198　为字母添加投影样式

图 5-199　移动复制后通道的中的白色区域

18. 载入通道蓝色拷贝选区，用黑色填充后取消选择。用半径为 6.0 像素的【高斯模糊】模糊通道，按快捷键 Ctrl+L，打开【色阶】对话框，将输入色阶设为 58、1.00、76，使通道内的白色区域扩大，如图 5-200 所示。

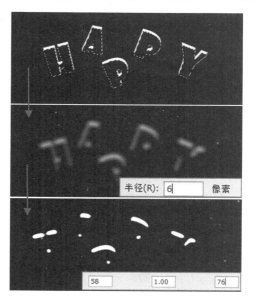

图 5-200　创建奶油选区

19 回到图层调板中，新建"图层 2"。设置【前景色】为#000033，载入通道奶油选区，并且填充图层。用白色填充选区后取消选择。执行【半径】为 3.0 的高斯模糊，再稍稍添加一点杂色效果。再次载入通道奶油选区，反选后删除，如图 5-201 所示。

◢ 图 5-201 创建字母的奶油效果

20 将"图层 1"中的图层样式粘贴并复制到"图层 2"，接着执行【图像】|【调整】|【亮度/对比度】命令，将糖果提亮，如图 5-202所示。打开制作好的网络广告图像，将其放置在文档的"背景"图层上方，看看整体效果，颜色如果有偏差可以通过【色相】色相或【色彩平衡】进行调整，最终的效果如图5-182 所示。

◢ 图 5-202 糖果字效果

5.5 思考与练习

一、填空题

1. 网页设计元素大体上包括_____、网页导航设计、网页广告设计、特效文字在网页中的应用。

2. 本章主要讲解的特效文字包括_____。

3. 要想设计出优秀的网页导航，就要了解_____、导航样式、_____。

二、选择题

1. _____，又称为横幅广告、旗帜广告，是互联网广告中最基本的呈现形式。

A. 文字　　　　　　B. 样式

C. Banner 广告　　D. 工具

2. 网页图标设计原则中没有_____。

A. 可识别性原则　　B. 风格统一性原则

C. 视觉美观　　　　D. 简洁性原则

三、简答题

简述网页广告设计技巧。

第 6 章

网页色彩知识

　　在实用美术中，常有"远看色彩近看花，先看颜色后看花，七分颜色三分花"的说法，出色的网页配色能让人眼前一亮，会给人留下深刻的印象，能引起浏览者深入了解网页内容的欲望。

　　在本章中，将会向读者介绍网页色彩的基础知识、色彩与视觉原理、色彩的三要素以及混合模式、网页配色和色彩模式的管理等，帮助读者更好地掌握网页设计中色彩的运用。

6.1　网页色彩

　　色彩是人眼感知到的第一个要素，网页设计对色彩具有强烈的依赖性，所以色彩的选择和搭配效果的好坏都会对用户的感官产生重要的影响，这是决定用户会不会浏览网页的关键一步。

6.1.1　认识网页色彩

　　不同的色彩会给用户带来不一样的情感体验，这样更有助于设计作品在信息传达中发挥感情攻势，可以让浏览者感到快乐、清爽或者温馨，从而达到刺激消费、宣传产品、加深网站印象等目的，如图 6-1 所示。

　　网页配色的恰当与否将直接影响访问者的情绪，恰当的色彩搭配会给访问者带来很强的视觉冲击力，如图 6-2 所示的网页，虽然用色较少，当浏览者看到网页时，简单的配色却会给其留下深刻清爽的印象，同时蓝色也象征着心理治愈，十分切合网站的主题。

6.1.2　216 网页安全色

　　当网页设计师选择了一个合理且有创意的色彩搭配方案时，在传输到用户终端时，最后的显示效果和设计师所要达到的效果之间会出现一定的偏差，因为即使相同的色彩也会受到显示设备、操作系统、浏览器等各种因素的综合影响。

图 6-1　色彩的视觉感

图 6-2　色彩的合理搭配

为此，对于一个网页设计师来说，了解并且利用网页安全色可以拟定更安全、更出色的网页配色方案，通过使用 216 网页安全色彩进行网页配色，不仅可以避免色彩失真，而且可以使配色方案很好地为网站主题服务。

216 网页安全颜色是指在不同硬件环境、不同操作系统、不同浏览器中都能够正常显示的颜色集合，这些颜色在任何终端浏览用户显示设备上的显示效果都是相同的。所以使用 216 网页安全颜色进行网页配色时可以避免原有的颜色失真问题，如图 6-3 所示。216 网页安全颜色可以控制网页的色彩显示效果，达到网页的最佳显示。

216 网页安全色在需要实现高精度的渐变效果或显示真彩图像或照片时会有一定的欠缺，但用于显示徽标或者二维平面效果时却是绰绰有余的。不过我们也可以看到很多站点利用其他非网页安全色成就了新颖独特的设计风格，所以我们并不需要刻意地追求使用局限在 216 网页安全色范围内的颜色，而是应该更好地搭配使用安全色和非安全色。

用户不需要特别记忆 216 网页安全色彩，很多常用网页制作软件中已经携带 216 网页安全色彩调色板，非常方便。图 6-4 显示了 216 网页安全色之间的关系。

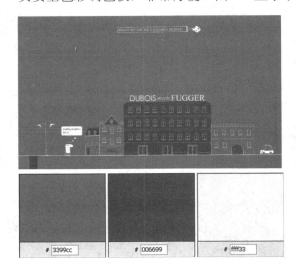

图 6-3　网页安全色

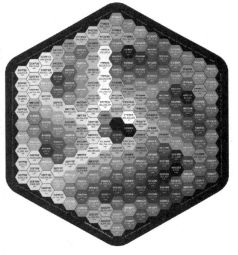

图 6-4　216 网页安全色间的关系

在设计网页时，如果使用的是 Dreamweaver 软件，在该软件的属性调板上能找到颜色的十六进制代码。

Photoshop 是常用的平面设计软件，网页中插图的美化和加工通常是在这款软件中进行的，它的使用频率很高。在【色板】面板菜单中选择【Web 安全颜色】、【Web 色谱】和【Web 色相】命令，载入该调板中的任何色彩在任何计算机中显示都可以保证显示效果是一样的，如图 6-4 所示。

6.2 色彩的理论

色彩理论是一切色彩运用的理论基础，只有提前了解色彩本身的一些元素构成、物理属性、混合原理等相关知识，才能对搭建具有良好传播效果的网页提供基础和前提。

6.2.1 色彩与视觉原理

色彩是由光的刺激而产生的一种视觉效应。光色并存，有光才有色。色彩感觉离不开光。

1．光与色

光在物理学上是电磁波的一部分，其波长为 700~400nm，在此范围内的光称为可视光线。当把光线引入三棱镜时，光线被分离为红、橙、黄、绿、青、蓝、紫，因而得出的自然光是七色光的混合。这种现象称作光的分解或光谱，七色光谱的颜色分布是按光的波长排列的，如图 6-5 所示，可以看出红色的波长最长、紫色的波长最短。

光是以波动的形式进行直线传播的，具有波长和振幅两个因素。不同的波长长短产生色相差别。不同的振幅强弱大小产生同一色相的明暗差别。光在传播时有直射、反射、透射、漫射、折射等多种形式。

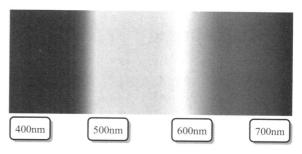

400nm　　500nm　　600nm　　700nm

图 6-5　可见光与光谱

光直射时直接传入人眼，视觉感受到的是光源色。当光源照射物体时，光从物体表面反射出来，人眼感受到的是物体表面色彩。当光照射时，如遇玻璃之类的透明物体，人眼看到是透过物体的穿透色。光在传播过程中，受到物体的干涉时，则产生漫射，对物体的表面色有一定影响。如通过不同物体时产生方向变化，称为折射，反映至人眼的色光与物体色相同。

2．物体色

自然界的物体五花八门、变化万千，它们本身虽然大都不会发光，但都具有选择性地吸收、反射、透射色光的特性。当然，任何物体对色光不可能全部吸收或反射，因此，实际上不存在绝对的黑色或白色。

物体对色光的吸收、反射或透射能力，受到物体表面肌理状态的影响。但是，物体对色光的吸收与反射能力虽是固定不变的，而物体的表面色却会随着光源色的不同而改变，有时甚至失去其原有的色相感觉。所谓的物体"固有色"，实际上不过是常光下人们对此的习惯而已。例如在闪烁、强烈的各色霓虹灯光下，所有建筑几乎都失去了原有本色而显得奇异莫测，如图 6-6 所示。

图 6-6　夜晚的城市

6.2.2　色彩的三要素

自然界中任何颜色都包含色相、亮度、饱和度三个属性，这是构成颜色的最基本的三个要素，现将各个属性的特点介绍如下。

1. 色相

色相指色彩的相貌，是区别色彩种类的名称。色相是根据光的波长划分的，只要波长相同，色相就相同，波长不同才产生色相的差别。红、橙、黄、绿、蓝、紫等中的每一个都代表一类具体的色相，它们之间的差别就属于色相差别。当人们称呼其中某一色的名称时，就会有一个特定的色彩印象，这就是色相的概念。正是由于色彩具有这种具体的相貌特征，我们才能感受到一个五彩缤纷的世界。如果说亮度是色彩隐秘的骨骼，色相就很像色彩外表华美的肌肤。色相体现着色彩外向的性格，是色彩的灵魂，如图 6-7 所示。

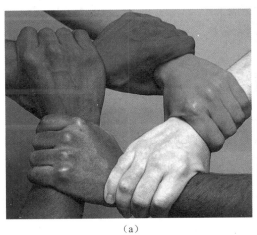

（a）

（b）

图 6-7　色相

如果把光谱的红、橙、黄、绿、蓝、紫带首尾相连，制作一个圆环，在红和紫之间插入半幅，构成环形的色相关系，便称为色相环。在 6 种基本色相中间加插一个中间色，其首尾色相按光谱顺序为红、橙红、橙、黄、黄绿、绿、青绿、蓝绿、蓝、蓝紫、紫、红紫，构成十二基本色相，这十二色相的色调变化，在光谱色感上是均匀的。如果进一步再找出其中间色，便可以得到二十四色相，如图 6-8 所示。

2．饱和度

饱和度是指色彩的纯净程度。可见光辐射，有波长相当单一的、波长相当混杂的，也有处在两者之间的，黑、白、灰等无彩色就是波长最为混杂，纯度、色相感消失造成的。光谱中红、橙、黄、绿、蓝、紫等单色光都是最纯的高纯度的色光。

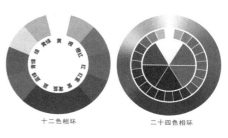

图 6-8　色相环

提 示

纯色是饱和度最高的一级。光谱中红、橙、黄、绿、蓝、紫等色光是最纯的高饱和度的光；色料中红色的饱和度最高，橙、黄、紫等饱和度较高，蓝、绿色饱和度最低。

饱和度取决于该色中含色成分和消色成分（黑、白、灰）的比例，含色成分越大，饱和度越大；消色成分越大，饱和度越小。也就是说，向任何一种色彩中加入黑、白、灰都会降低它的饱和度，加得越多就降得越低。

当在蓝色中混入了白色时，虽然仍旧具有蓝色相的特征，但它的鲜艳度降低了，亮度提高了，成为淡蓝色；当混入黑色时，鲜艳度降低了，亮度变暗了，成为暗蓝色；当混入与蓝色亮度相似的中性灰时，它的亮度没有改变，饱和度降低了，成为灰蓝色，如图 6-9 所示。采用这种方法有十分明显的效果，就是从纯色加灰渐变为无饱和度灰色的色彩饱和度序列。

　　（a）淡蓝色　　　　　　　　　　　（b）暗蓝色　　　　　　　　　　　（c）灰蓝色

图 6-9　不同的饱和度

黑白网页和彩色网页给人的感受是大相径庭的，色彩的不同会造成视觉感上的强烈差异，一般情况下，黑白网页会给人单调、无趣、疲惫等视觉和心理感受，而彩色网页则会以其饱满、丰富的色彩给人更多富含趣味性的体验，如图 6-10 所示。

　　　（a）彩色　　　　　　　　　　　　　　　（b）灰色

图 6-10　彩色与灰色网页

3. 亮度

亮度是表示人对发光体或被照射物体表面的发光或反射光强度实际感受的物理量，是色彩形成空间感与色彩体量感的主要依据，起着"骨架"的作用。在无彩色中，亮度最高的色为白色，亮度最低的色为黑色，中间存在一个从亮到暗的灰色系列，如图 6-11 所示。

亮度在三要素中具有较强的独立性，它可以不带任何色相的特征而通过黑白灰的关系单独呈现出来，就像是骨架可以单独支撑存在一样。

色相与饱和度则必须依赖一定的明暗才能显现，色彩一旦发生，明暗关系就会同时出现，在完成一幅素描的过程中，需要把对象的彩色关系抽象为明暗色调，这就需要设计者有对明暗的敏锐判断力。人们可以把这种抽象出来的亮度关系看作色彩的骨骼，它是色彩结构的关键，如图 6-12 所示。

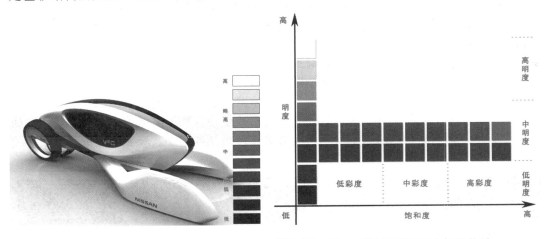

图 6-11　不同亮度　　　　图 6-12　亮度与饱和度之间的关系

注　意

在有彩色中，任何一种纯度色都有着自己的亮度特征。例如，黄色为明度最高的色，处于光谱的中心位置；紫色是亮度最低的色，处于光谱的边缘位置。一个彩色物体表面的光反射率越大，对视觉刺激的程度越大，看上去就越亮，这一颜色的明度就越高。

6.2.3　色彩的混合原理

客观存在的事物中的色彩种类繁多，但总体来说可以分为两大类：一类是原色，指的是红、黄、蓝；另一类则是混合色。其中，使用间色再进行调配的颜色称为复色。其中原色是强烈的，混合色较温和，复色在明度和纯度上相对较弱，各类间色与复色的补充组合形成丰富多彩的画面效果。从理论上讲，所有的间色、复色都是由三原色调和而成的。

所谓三原色，就是指这三种色中的任意一色都不能由另外两种原色混合产生，而其他颜色可以由这三原色按照一定的比例混合出来，色彩学上将这三个独立的颜色称为三

Photoshop 网页设计与配色标准教程

原色。

将两种或多种色彩互相进行混合，形成与原有色不同的新色彩称为色彩的混合。这些混合方法可归纳成加色法混合、减色法混合和空间混合三种类型。

1．加色法混合

加色法混合是指色光混合，也称第一混合，当不同的色光同时照射在一起时，能产生另外一种新的色光，并随着不同色混合量的增加，混色光的明度会逐渐提高，将红（橙）、绿、蓝（紫）三种色光分别作适当比例的混合，可以得到其他不同的色光，如图 6-13 所示。反之，其他色光无法混出这三种色光来，故称红、绿、蓝为色光的三原色，它们相加后可得到白光。

提 示

加色法混合效果是由人的视觉器官来完成的，因此它是一种视觉混合。加色法混合的结果是色相改变、明度提高，而纯度并不下降。加色法混合被广泛应用于舞台灯光照明及影视、计算机设计等领域。

2．减色法混合

减色法混合即色料混合，也称第二混合。在光源不变的情况下，两种或多种色料混合后可以产生新色料，其反射光相当于白光减去各种色料的吸收光，反射能力会降低。故与加色法混合相反，减色法混合后的色料色彩不仅色相发生变化，而且明度和纯度都会降低。所以混合的颜色种类越多，色彩就越暗越混浊，最后近似于黑灰的状态，如图 6-14 所示。

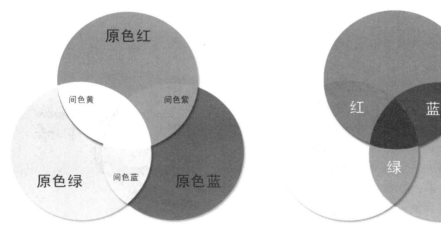

图 6-13　加色法混合　　　图 6-14　减色法混合

3．空间混合

空间混合法亦称中性混合、第三混合，是在一定的视觉空间中，将两种或多种颜色穿插、并置在一起，能在人眼中产生混合的效果，故称空间混合。其实颜色本身并没有真正混合，它们不是发光体，而只是反射光的混合。其明度等于参加混合色光的明度平均值，既不减也不加。

由于空间混合实际比减色法混合明度要高，因此色彩效果显得丰富、响亮，有一种空间的颤动感，表现自然、物体的光感更为闪耀。

> **注 意**
>
> 空间混合的产生需要具备的条件有：对比各方的色彩比较鲜艳，对比较强烈；色彩的面积较小，形态为小色点、小色块、细色线等，并成密集状；色彩的位置关系为并置、穿插、交叉等；有相当的视觉空间距离。

6.3 网页配色

在掌握色彩的基本理论后，我们才能进行下一步，对网页进行配色。本节将详细介绍网页色彩搭配的理论和技巧。

6.3.1 网页自定义颜色

一般情况下，访问者的浏览器 Netscape Navigator 和 Internet Explorer 选择了网页的文本和背景的颜色，让所有的网页都显示这样的颜色。但是，网页的设计者经常为了视觉效果而选择了自定义颜色。自定义颜色是一些为背景和文本选取的颜色，它们不影响图片或者图片背景的颜色、图片一般都以它们自身的颜色显示。自定义颜色可以为下列网页元素独自分配颜色。

（1）背景：网页的整个背景区域可以是一种纯粹的自定义颜色。背景色总是在网页的文本或者图片的后面。

（2）普通文本：网页中除了链接之外的所有文本。

（3）超级链接文本：网页中的所有文本链接。

（4）已被访问过的链接文本：访问者已经在浏览器中使用过的链接。访问过的文本链接以不同的颜色显示。

（5）当前链接文本：当一个链接被访问者单击的瞬间，它转换了颜色以表明它已经被激活了。

对于制作网页的初学者可能更习惯于使用一些漂亮的图片作为自己网页的背景，但是，浏览一下大型的商业网站，你会发现其更多运用的是白色、蓝色、黄色等，使得网页显得典雅，大方和温馨。如图 6-15 所示的网页中，主要由白色背景和蓝色、黄色、粉红色以及黑色笔触组成，能够加快浏览者打开网页的速度。

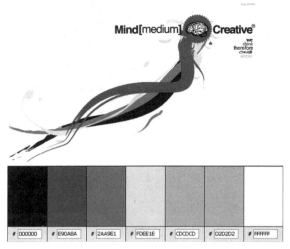

000000　# E90ABA　# 2AA9E1　# FDEE1E　# CDCDCD　# D2D2D2　# FFFFFF

图 6-15 色彩简单的网页

一般来说，网页的背景色应该柔和一些、素一些、淡一些，再配上深色的文字，使人看起来自然、舒畅。而为了追求醒目的视觉效果，标题可使用较深的颜色。如表 6-1 所示为经常用到的网页背景颜色列表。

表 6-1 网页背景颜色与文字色彩搭配

颜色图标	颜色十六进制值	文字色彩搭配
	#F1FAFA	做正文的背景色较好，淡雅
	#E8FFE8	做标题的背景色较好
	#E8E8FF	做正文的背景色较好，文字颜色配黑色
	#8080C0	配黄色白色文字较好
	#E8D098	配浅蓝色或蓝色文字较好
	#EFEFDA	配浅蓝色或红色文字较好
	#F2F1D7	配黑色文字素雅，如果是红色则显得醒目
	#336699	配白色文字好看些
	#6699CC	配白色文字好看些，可以做标题
	#66CCCC	配白色文字好看些，可以做标题
	#B45B3E	配白色文字好看些，可以做标题
	#479AC7	配白色文字好看些，可以做标题
	#00B271	配白色文字好看些，可以做标题
	#FBFBEA	配黑色文字比较好看，一般作为正文
	#D5F3F4	配黑色文字比较好看，一般作为正文
	#D7FFF0	配黑色文字比较好看，一般作为正文
	#F0DAD2	配黑色文字比较好看，一般作为正文
	#DDF3FF	配黑色文字比较好看，一般作为正文

此表只是起一个"抛砖引玉"的作用，大家可以发挥想象力，搭配出更有新意、更醒目的颜色，使网页更具有吸引力。

6.3.2 色彩采集

网页中采用色彩采集的方式组合色彩，这通常是构成网页丰富色调的最好方法之一。网页设计使用色彩采集的方法所产生的色彩看起来不仅丰富多彩，而且较为统一、和谐。

在 Photoshop 中设计并且制作网页时，主要是通过【拾色器】调板来吸取并且设置颜色的，在认识了几种颜色模式之后，下面再来讨论【拾色器】。

注 释

凡是可以设置前景色和背景色的地方，例如工具箱或者颜色调板，单击设置前景色和背景色，都会弹出【拾色器】调板。

打开【拾色器】对话框后可以看出，在色彩基础知识章节中介绍的 RGB 和 CMYK，以及 HSB 和 Lab 4 种颜色模式的数值都在拾色器中。如果想要精确地设置某种颜色的颜色值，可以在其右侧的文本框中输入数字，如图 6-16 所示，数值区域中的数值是根据当前色的选取来决定的。

使用【拾色器】可基于 HSB（色相、饱和度、亮度）颜色模型选择颜色。当在 HSB

模式中选择颜色时，RGB、Lab、CMYK 的十六进制值也会进行相应的更新。

1. 在拾色器中使用 HSB 颜色模式

HSB 模式即索引颜色，是拾色器的默认模式，在 HSB 模式中使用拾色器，如图 6-17 所示。启用 H 选项，以在颜色滑块中显示所有色相。在颜色滑块中选择某个色相时，会在色域中显示所选中色相的饱和度和亮度范围，饱和度从左向右增加，亮度从下到上增加。

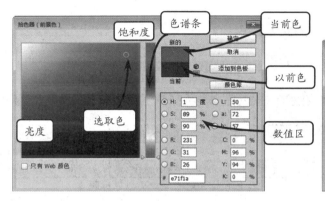

图 6-16 【拾色器】对话框   图 6-17 启用 H 选项

启用 S 选项可在色域中显示所有色相，它们的最大亮度位于色域的顶部、最小亮度位于底部。颜色滑块显示在色域中选中的颜色，它的最大饱和度位于滑块的顶部、最小饱和度位于底部，如图 6-18 所示。

启用 B 选项可在色域中显示所有色相，如图 6-19 所示，它们的最大饱和度位于色域的顶部、最小饱和度位于底部。颜色滑块显示在色域中选中的颜色，它的最大亮度位于滑块的顶部、最小亮度位于底部。

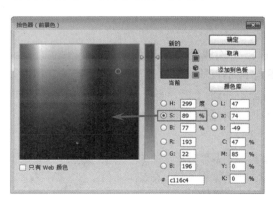

图 6-18 启用 S 选项   图 6-19 启用 B 选项

2. 在拾色器中使用 RGB 颜色模式

在 RGB（红色、绿色、蓝色）模式中，颜色滑块显示可用于选中的颜色分量（R、

G 或 B）的色阶范围。色域显示其余两个分量的范围：一个在水平轴上，一个在垂直轴上。例如，如果单击红色分量(R)，则颜色滑块显示红色的颜色范围（0 位于滑块的底部，255 位于顶部）。色域在其水平轴上显示蓝色的值，在其垂直轴显示绿色的值。

启用 R 选项可在颜色滑块中显示红色分量，它的最大亮度(255)位于滑块的顶部、最小亮度(0)位于底部。在将颜色滑块设置为最小亮度时，色域显示由绿色和蓝色分量创建的颜色。如果使用颜色滑块来增加红色的亮度，可将更多的红色混合到色域显示的颜色中，如图 6-20 所示。

启用 G 选项可在颜色滑块中显示绿色分量，它的最大亮度(255)位于滑块的顶部、最小亮度(0)位于底部。在将颜色滑块设置为最小亮度时，色域显示由红色和蓝色分量创建的颜色。如果使用颜色滑块来增加绿色的亮度，可将更多的绿色混合到色域显示的颜色中，如图 6-21 所示。

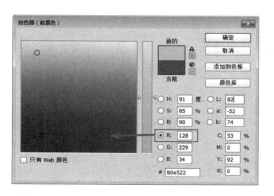

图 6-20　启用 R 选项

图 6-21　启用 G 选项

启用 B 选项可在颜色滑块中显示蓝色分量，它的最大亮度(255)位于滑块的顶部、最小亮度(0)位于底部。将颜色滑块设置为最小亮度时，色域显示由绿色和红色分量创建的颜色。如果使用颜色滑块来增加蓝色的亮度，可将更多的蓝色混合到色域显示的颜色中，如图 6-22 所示。

3．在拾色器中使用 Lab 颜色模式

使用拾色器可基于 Lab 颜色模型选择颜色。L 值用来指定颜色的亮度，a 值用来指定颜色红或绿的程度，b 值用来指定颜色蓝或黄的程度。

启用 L 选项可在色域中显示所有色相。选择色相的方法是在色域中单击或者在 A 和 B 文本框中输入值。颜色滑块显示选中的色相，它的最大亮度位于顶部、最小亮度位于底部，如图 6-23 所示。

启用 a 选项，并调整颜色滑块以指示色相是红色还是绿色。移动滑块或单击颜色滑块会更改色域中显示的颜色范围。色域还显示颜色的亮度，它的最大亮度位于顶部、最小亮度位于底部。B（蓝色或黄色）颜色分量用蓝色位于左侧、黄色位于右侧的色域表示，如图 6-24 所示。

启用 b 选项，并调整颜色滑块以指示色相是黄色还是蓝色。移动滑块或单击颜色滑块会更改色域中显示的颜色范围。色域还在垂直轴上显示颜色的亮度，最大亮度位于顶

部，如图 6-25 所示。

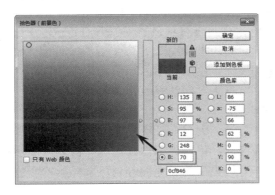

图 6-22 启用 B 选项

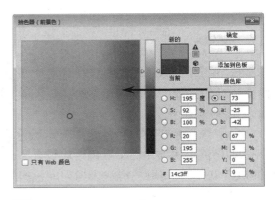

图 6-23 启用 L 选项

图 6-24 启用 a 选项

图 6-25 启用 b 选项

4．在拾色器中使用 Web 颜色

在 Photoshop 拾色器中可以识别非 Web 颜色和 Web 安全颜色。如果选择非 Web 颜色，则 Adobe 拾色器中的颜色矩形旁边会显示一个警告立方体，如图 6-26 所示，此时，可以通过单击【警告立方体】选择最接近的 Web 颜色。

在 Photoshop 拾色器中支持只显示 Web 颜色，只要启用拾色器左下角的【只有 Web 颜色】选项，然后选取拾色器中的任何颜色。启用此选项后，所拾取的任何颜色都是 Web 安全颜色，如图 6-27 所示。

注 释

启用【只有 Web 颜色】选项后，会看到色域中的颜色都以色块显示，这就表示 Photoshop 拾色器已经将所有非 Web 的颜色去掉了。

许多网页设计师没有色彩知识，在不懂得色彩组合原理的情况下，设计师如何能为网页配置漂亮的网页色彩呢？这里提供一种既适合艺术型的网页设计师，也适合技术型的网页设计师的一种配色方法，即色彩采集法，如图 6-28 所示。

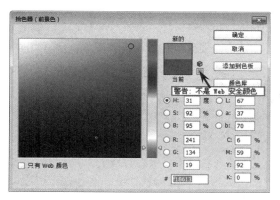

图 6-26　非 Web 颜色

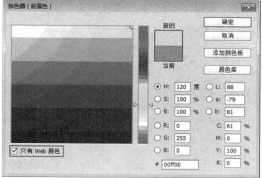

图 6-27　启用【只有 Web 颜色】选项

色彩采集的方法是选择一些色彩效果好的色彩图片作为色彩采集源，在 Photoshop 之类的图像软件中用吸取颜色的工具吸取色标，取得色彩的 RGB 数值，然后在网页安全色中找到相同或者相似色的数值。例如在 Photoshop 中利用【吸管工具】在图像中吸取淡粉色后，打开【拾色器】，在颜色显示区域右侧出现警告图标  ，如图 6-29 所示，然后单击该图标就可以将吸取的颜色更换为与之相接近的网页安全色了。

图 6-28　色彩采集

图 6-29　将非网页安全色转换为安全色

参考以上方法，继续使用相同的方式采集图像中的颜色，并且将其转换为网页安全色。最后在图像处理软件中，利用颜色的十六进制值制作网页，如图 6-30 所示的网页中的部分颜色就是从人物图像中采集的颜色。

6.3.3　色彩推移

色彩推移是按照一定规律有秩序地排列、组合色彩的一种方式。为了使画面丰富多彩、变化有序，网页设计师通常采用色相推移、明度推移、纯度推移、互补推移、综合推移等推移方式组合网页色彩。

1. 色相推移

选择一组色彩，按色相环的顺序，由冷到暖或者由暖到冷进行排列、组合。可以选用纯色系或者灰色系进行色相推移。如图 6-31 所示为以红色到黑色渐变为主的颜色过渡网页，是明显的色相推移。如图 6-32 所示为灰色到黑色渐变的灰色系网页。

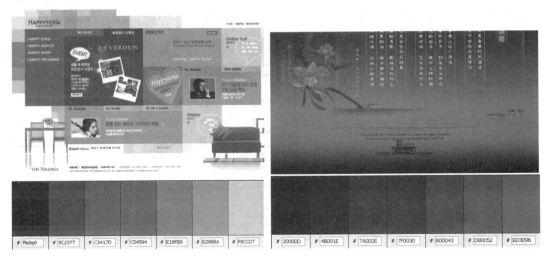

# ffe0e8	# 9C2377	# C3417D	# C54594	# E16FB9	# E295BA	# F8CCD7

# 20000D	# 4B001E	# 7A002E	# 7F0030	# B00043	# D80052	# ED3096

🔲 图 6-30 ╱使用采集的部分颜色制作网页　　🔲 图 6-31 ╱红色到黑色渐变

2. 明度推移

明度推移是选择一组色彩，按明度等差级数的顺序，由浅到深或者由深到浅进行排列、组合的一种明度渐变组合。一般都选用单色系列组合，也可以选用两组色彩的明度系列按明度等差级数的顺序交叉组合，如图 6-33 所示为单色系列的明度推移网页，产生空间感。如图 6-34 所示网页的背景是由蓝色到白色与绿色到白色两组色彩的明度推移设计而成的。

# 3E2E2E	# 433333	# 483A39	# 5A4E4E	# 817879	# A4A09F	# CACACA

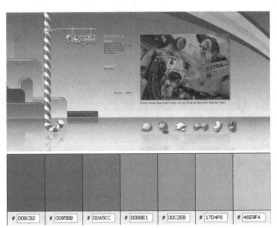

# 008CB2	# 0095BB	# 00A5CC	# 0088E1	# 00C2EB	# 17D4F6	# 46E9FA

🔲 图 6-32 ╱灰色到黑色渐变　　　　　🔲 图 6-33 ╱浅蓝色到深蓝色渐变

3. 纯度推移

选择一组色彩，按纯度等差级数或者比差级数的顺序，由纯色到灰色或者由灰色到纯色进行排列组合,如图 6-35 所示网页的背景就是蓝色的纯度推移,只是该颜色推移并没有将其推移到灰色。如图 6-36 所示为两组色彩的纯度推移网页显示。

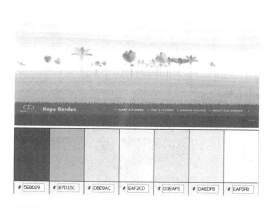

图 6-34　两组色彩的明度系列网页

图 6-35　蓝色纯度的推移

4．综合推移

综合推移是指选择一组或者多组色彩按色相、明度、纯度推移进行综合排列、组合的渐变形式。由于色彩三要素的同时加入,其效果当然要比单项推移复杂、丰富得多,如图 6-37 所示为网页局部采用了白色到蓝色色相推移,再由白色到绿色明度推移。如图 6-38 所示为网页中的色调采用了多种色调,其中天空中的蓝色采用了色相推移,而地面的绿色既有明度也有纯度的推移,综合推移时网页丰富多彩。

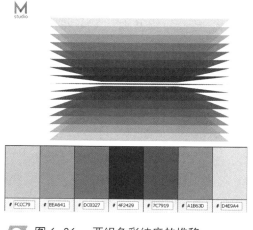

图 6-36　两组色彩纯度的推移

图 6-37　色相以及明度推移

● 6.3.4　色调变化

网页页面总是由具有某种内在联系的各种色彩,组成一个完整统一的整体,形成画面色彩总的趋向，称为色调。也可以理解为色彩状态。色彩给人的感觉与氛围，是影响配色视觉效果的决定因素。

1. 网页的色调视觉角色

为了使网页的整体画面呈现稳定协调的感觉，以便充分地掌握其规律来更好地分析学习，我们将网页视觉角色主次位置分为如下几个概念，以便在网页设计配色时更容易操纵主动权。

1）主色调

页面色彩的主要色调、总趋势，其他配色不能超过该主要色调的视觉面积（背景白色不一定根据视觉面积决定，可以根据页面的感觉需要）。

2）辅色调

图 6-38　色彩的综合推移

仅次与主色调的视觉面积的辅助色，是烘托主色调、支持主色调、起到融合主色调效果的辅助色调。

3）点睛色

在小范围内点上强烈的颜色来突出主题效果，使页面更加鲜明生动。

4）背景色

衬托环抱整体的色调，起到协调、支配整体的作用。

一个页面的色彩角色主要是根据其面积多少来区别主次关系、达到最终目的的。当不同的颜色使用的面积相当，这个页面容易呈现枯燥单调之感，而没有局部细节的变化。当一个页面使用的颜色过多、面积大小用得过于琐碎，容易呈现花哨、主次不分、没有整体的感觉。

专家指南

为页面设计配色的时候，应根据主题内容主次需要，各颜色有其各自的功能角色——面积使用最多的、最少的、不多不少的，加上冷暖的适度安排，纯度明度的合理变化，遵循这条原则，网页配色定能得心应手。

2. 色调倾向的种类及处理

根据网页的色调倾向，大致可以将网页归纳成如下 5 种色调。

1）鲜色调

在确定色相对比的角度、距离后，尤其是中差（90°）以上的对比时，必须与无彩色的黑、白、灰及金、银等光泽色相配，在高纯度、强对比的各色相之间起到间隔、缓冲、调节的作用，以达到既鲜艳又强烈，变化又统一的积极效果，感觉生动、华丽、兴奋、自由、积极、健康等。

如图 6-39 所示，网页中使用大量的蓝色、粉红色，色彩亮丽，配以高纯度的黄色，形成强烈的视觉冲击力，而无彩色白色的运用则起到了缓冲视觉疲劳的作用。

2）灰色调

在确定色相对比的角度、距离后，于各色相之中调入不同程度、不等数量的灰色，使大面积的总体色彩向低纯度方向发展，为了加强这种灰色调倾向，最好与无彩色，特别是灰色组配作用，感觉高雅、大方、沉着、古朴等，如图 6-40 所示。

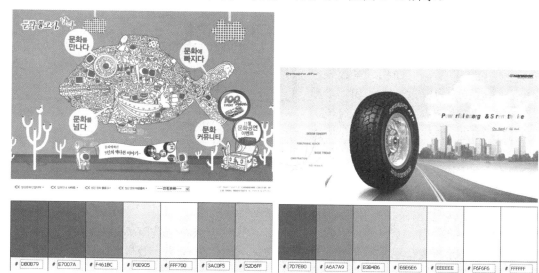

图 6-39　鲜色调

图 6-40　灰色调

3）深色调

需要将网页制作为深色调时，可以考虑选用低明度色相，如蓝、紫、蓝绿、蓝紫、红紫等，然后在各色相之中调入不等数量的黑色或深白色，同时为了加强这种深色倾向，最好与无彩色中的黑色组配合使用，感觉充实、高贵、强硬、稳重等。

如图 6-41 所示，在红色中调入适量的黑色，使整个网页色调深稳，突出产品高贵的气质，符合女性时尚、感性的特点。

图 6-41　深色调

4）浅色调

浅色调通常选用高明度色相，如黄色、桔色、桔黄色、黄绿色等，然后在各色相之中调入不等数量的白色或浅灰色，同时为了加强浅色调倾向，最好与无彩色中的白色组配合使用。如图 6-42 所示，使用高明度的黄色、黄绿色，与白色配合，使色调更加明亮，给人以清纯、干净的感觉。

5）中色调

中色调是一种使用最普遍、数量最众多的配色倾向，在确定色相对比的角度、距离后，于各色相中都加入一定数量黑、白、灰色，使大面积的总体色彩呈现不太浅也不太深、不太鲜也不太灰的中间状态，感觉随和、朴实、大方、稳定等。

在优化或变化整体色调时，最主要的是先确立基调色的面积统治优势。一幅多色组合的作品，大面积、多数量使用鲜色，势必成为鲜调；大面积、多数量使用灰色，势必成为灰调，其他色调以此类推。这种优势在整体的变化中能使色调产生明显的统一感。但是，如果只有基调色而没有对比，就会感到单调、乏味。如果设置了小面积对比强烈的点缀色、强调色、醒目色，由于其不

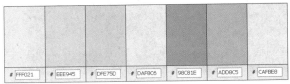

图 6-42　浅色调

同色感和色质的作用，会使整个色彩气氛丰富、活跃起来。但是整体与对比是矛盾的统一体，如果对比、变化过多或面积过大，易破坏整体，失去统一效果而显得杂乱无章。反之，若面积太小则易被四周包围的色彩同化、融合而失去预期的作用。

2．色调变化及类型

变调即色调的转换，在网站设计中可以考虑选择多个色彩方案，变调的形式一般有定形变调、定色变调、定形定色变调等。

1）定形变调

实质为保持形态（图案、形状等）不变的前提下，只改变色彩而达到改变色调倾向的目的。

定形变调主要有两种形式。一种是同明度、同纯度、异色相变调，即根据原有设计色调，保持明度、纯度不变，只改变色相（原有色相对比距离不变）而改变色调的倾向。如图 6-43 所示，在保持图案、网页内容大致不变的情况下，将黄色背景改为绿色。

（a）原图

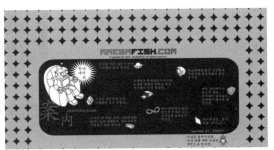

（b）变调

图 6-43　异色相变调

定形变调形式可以在纺织、服装、装潢、包装、装帧、环艺等多种实用美术中，作为产品同品种、同花形、多色调的设计构思。

另一种则是异色相、异明度、异纯度的变调，根据原有色调将色相、明度、纯度做全面改变，使其变为完全不同的色调类型。如鲜色调至灰色调、浅色调至深色调、中色调至鲜色调、中色调至浅色调、深色调到中色调、灰色调至中色调、浅色调至鲜色调等。如图 6-44 所示，以黄、蓝、绿色为主的鲜色调变化为以灰蓝、灰粉色为主的中色调。

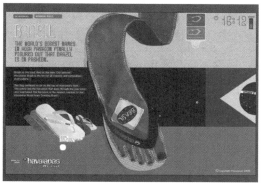

（a）鲜色调　　　　　　　　　　　　　　　（b）中色调

图 6-44　完全不同的色调

2）定色变调

定色变调实质是保持色彩不变，变化图案、花形、款式等，即变化色彩的面积、形态、位置、肌理等因素，达到改变总体色调倾向之目的，也是网页设计中同色彩多方案的系列设计构思方法。

如图 6-45 所示，在以黄灰色为主的中色调不变的情况下，将网页中左侧的紫色条纹图案，变化为左侧绿叶的肌理图案，给人以既整体又独立的视觉效果，增强网页系列配套之感。

色调转变的关键在于大面积基调色的变化，其次是将色彩作小面积点、线、面形态的交叉、穿插、并置组合，利用色彩的空间混合效应，以较少颜色产生多种色彩的效果，亮色产生含灰色的感觉，使色彩之间互相呼应、取代、置换、反转与交织，使各色调既有变化又很统一。

3）定形定色变调

在使用色彩以及确定的色调相同的

图 6-45　定色变调

前提下，可考虑大小、位置、布局进行适当变化的系列设计构思方法。

如图 6-46 所示，在确定使用灰色背景和粉灰色为主的灰色调以后，改变了网页右侧内容的布局方式。

图 6-46 定形定色变调

6.4 色彩模式的管理

网页的色彩效果是否能完美呈现，还与色彩模式有莫大的关系，如果想要将制作好的网页打印出来，就需要转换颜色模式，即用来确定显示和打印电子图像色彩的模型。只有对颜色模式有所了解，才能够更好地将其运用于网站页面的设计之中。

6.4.1 认识色彩模式

Photoshop 中包含了多种颜色模式，每种模式的图像描述和重现色彩的原理及所能显示的颜色数量各不相同。常见的有如下 5 种模式。

1．RGB 颜色模式

RGB 色彩模式是工业界的一种颜色标准，是通过对红（Red）、绿（Green）、蓝（Blue）三个颜色通道的变化以及它们相互之间的叠加来得到各式各样的颜色的。RGB 代表红、绿、蓝三个通道的颜色，这个标准几乎包括了人类视力所能感知到的所有颜色，是目前运用最广的颜色系统之一，如图 6-47 所示。

图 6-47 RGB 颜色模式分析图

计算机屏幕上的所有颜色，都是由红色、绿色、蓝色三种色光按照不同的比例混合而成的。一组红色、绿色、蓝色就是一个最小的显示单位。屏幕上的任何一个颜色都可以由一组 RGB

值来记录和表达。其中每两种颜色的等量，或者非等量相加所产生的颜色如表 6-2 所示。

表 6-2 每两种不同量度相加所产生的颜色

混合公式	色板
RGB 两原色等量混合公式： R（红）＋G（绿）生成 Y（黄）（R＝G） G（绿）＋B（蓝）生成 C（青）（G＝B） B（蓝）＋R（红）生成 M（洋红）（B＝R）	
RGB 两原色非等量混合公式：	
R（红）＋G（绿↓减弱）生成 Y→R（黄偏红） 红与绿合成黄色，当绿色减弱时黄偏红	
R（红↓减弱）＋G（绿）生成 Y→G（黄偏绿） 红与绿合成黄色，当红色减弱时黄偏绿	
G（绿）＋B（蓝↓减弱）生成 C→G（青偏绿） 绿与蓝合成青色，当蓝色减弱时青偏绿	
G（绿↓减弱）＋B（蓝）生成 CB（青偏蓝） 绿和蓝合成青色，当绿色减弱时青偏蓝	
B（蓝）＋R（红↓减弱）生成 MB（品红偏蓝） 蓝和红合成品红，当红色减弱时品红偏蓝	
B（蓝↓减弱）＋R（红）生成 MR（品红偏红） 蓝和红合成品红，当蓝色减弱时品红偏红	

对 RGB 三基色各进行 8 位编码，这三种基色中的每一种都有一个从 0（黑）～255（白色）的亮度值范围。当不同亮度的基色混合后，便会产生出 256×256×256 种颜色，约为 1670 万种，这就是人们常说的"真彩色"。

提 示

> 如果初次接触 Photoshop，要理清颜色混合之间的关系确实有很大的难度，不过，可以自己动手在 Photoshop 中制作一个辅助记忆的色相环，形象地描述上述枯燥的公式。例如 R＋B（等量）＝M，为品红，当红色不断减弱时，品红偏向蓝色，红色完全消失时，颜色就变为了纯正的蓝色。

2．CMYK 颜色模式

CMYK 也称作印刷色彩模式，是一种依靠反光的色彩模式，其中 4 个字母分别指青（Cyan）、洋红（Magenta）、黄（Yellow）、黑（Black），在印刷中代表 4 种颜色的油墨。当光线照到有不同比例 C、M、Y、K 油墨的纸上，部分光谱被吸收后，反射到人眼的光产生颜色。在混合成色时，随着 C、M、Y、K 4 种成分的增多，反射到人眼的光会越来越少，光线的亮度也会越来越低，如图 6-48 所示。只要是在印刷品上看到的图像，就是通过 CMYK 模式表现的，例如期刊、杂志、报纸、宣传画等。

3．HSB 颜色模式

HSB 颜色模式对应的媒介是人的眼睛。它不是将色彩数字化成不同的数值，而是基于人对颜色的感觉，让人觉得更加直观一些。其中的各个字母分别代表色相（Hue）、饱和度（Saturation）和明亮度（Brightness），其中色相（Hue）是基于从某个物体反射回的光波，或者是透射过某个物体的光波；饱和度（Saturation），经常也称作 chroma，是某种颜色中所含灰色数量的多少，含灰色越多，饱和度越小；明亮度（Brightness）是对一个颜色中光的强度的衡量，明亮度越大，则色彩越鲜艳。HSB 颜色模式分析如图 6-49 所示。

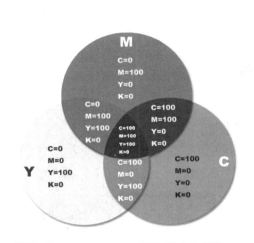

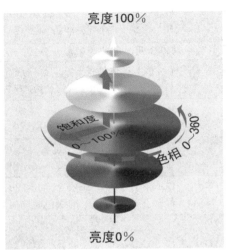

图 6-48　**CMYK** 颜色模式分析图

图 6-49　**HSB** 颜色模式分析图

技　巧

在 HSB 模式中，所有的颜色都用色相、饱和度、亮度三个特性来描述。它可由底与底对接的两个圆锥体立体模型形象地来表示。其中轴向表示亮度，自上而下由白变黑；径向表示色饱和度，自内向外逐渐变高；而圆周方向，则表示色调的变化，形成色环。

4．Lab 颜色模式

Lab 颜色模型则基于人对颜色的感觉，它是由专门制定各方面光线标准的组织创建的数种颜色模型之一，是通过数学方式来表示颜色，不依赖于特定的设备，这样能确保输出设备经校正后所代表的颜色能保持其一致性。其中 L 指的是亮度，a 是由绿至红，b 是由蓝至黄，如图 6-50 所示。

图 6-50　**Lab** 色彩模式分析图

提　示

Lab 色彩空间涵盖了 RGB 和 CMYK。所以 Photoshop 内部从 RGB 颜色模式转换到 CMYK 颜色模式，也是经由 Lab 作为中间量来完成的。

5．索引颜色

索引颜色采用一个颜色表存放并且索引图像中的颜色，是网上和动画中常用的图像模式，当彩色图像转换为索引颜色的图像后包含近 256 种颜色。

如果原图像中的一种颜色没有出现在查找表中，程序会选取已有颜色中最相近的颜色或者使用已有颜色模拟该颜色。索引颜色只支持单通道图像（8 位/像素），因此，可以通过限制调色板、索引颜色减小文件大小，同时保持视觉上的品质不变，如图 6-51 所示。

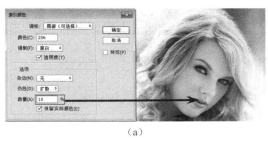
（a）

（b）

图 6-51 索引颜色

注　意

当图像是 8 位/通道，且是索引颜色模式时，所有的滤镜都不可以使用。

6.4.2　色彩模式转换

为了在不同的场合正确输出图像，有时需要把图像从一种模式转换为另一种模式。在 Photoshop 中通过执行【图像】|【模式】命令，来转换需要的颜色模式。这种颜色模式的转换有时会永久性地改变图像中的颜色值，同时有些颜色在转换后会损失部分颜色信息，因此在转换前最好为其保存一个备份文件，以便在必要时恢复图像。

技　巧

将 RGB 模式图像转换为 CMYK 模式图像时，CMYK 色域之外的 RGB 颜色值被调整到 CMYK 色域之内，从而缩小了颜色范围。

在将色彩图像转换为索引颜色时，会删除图像中的很多颜色，而仅保留其中的 256 种颜色，同时产生一个表格。如图 6-52 所示是许多多媒体动画应用程序和网页所支持的标准颜色数。只有灰度模式和 RGB 模式的图像可以转换为索引颜色模式。由于灰度模式本身就由 256 级灰度构成，因此转换为索引颜色后无论是颜色还是图像大小都没有明显的差别。但是将 RGB 模式的图像转换为索引颜色模式后，图像的尺寸将明显减小，同时图像的视觉品质也将受损。

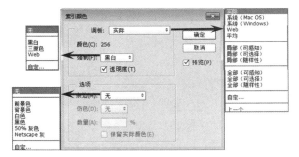

图 6-52 【索引颜色】对话框

提 示

如果将 RGB 模式的图像转换成 CMYK 模式，图像中的颜色就会产生分色，颜色的色域就会受到限制。因此，如果图像是 RGB 模式的，最好选在 RGB 模式下编辑，然后再转换成 CMYK 图像。

6.5 思考与练习

一、填空题

1．自然界中任何颜色都包含＿＿＿＿、＿＿＿＿、＿＿＿＿三个属性，这是构成颜色的最基本的三个要素。

2．将两种或多种色彩互相进行混合，形成与原有色不同的新色彩称为＿＿＿＿＿＿。这些混合方法可归纳成＿＿＿＿＿＿、＿＿＿＿＿＿和三种类型。

3．色彩推移是按照一定规律有秩序地排列、组合色彩的一种方式。为了使画面丰富多彩、变化有序，网页设计师通常采用＿＿＿＿＿＿、＿＿＿＿＿、＿＿＿＿＿、＿＿＿＿、＿＿＿＿＿＿等推移方式组合网页色彩。

二、选择题

1．下列选项中＿＿＿＿＿不是网页色调。

　　A．鲜色调　　　　　B．灰色调

　　C．深色调　　　　　D．白色调

2．下列选项中＿＿＿＿＿不属于色彩变调的形式。

　　A．定形变调　　　　B．定色变调

　　C．定形定色变调　　D．定彩变调

三、简答题

简单叙述你对色彩的看法，及对网页色彩应用的理解。

第 7 章

网页色彩情感解码

　　色彩是多种多样的，每种颜色给人的感受都不同，同样在网页设计中所运用的色彩给浏览者的感受也不同。在网页色彩的使用方面，要考虑到网站整体的风格设计、主情感传递，在形式和内容上带给浏览者视觉和心理上的美感享受。

　　本章主要向读者介绍网页色彩的基本分析以及网页色彩的搭配方法，帮助读者更好地运用色彩，让网页更加引人入胜。

7.1　网页色彩分析

　　色彩只是一种物理现象，人们能感受到色彩的情感，是人们长期生活中所积累的某种情绪。网页的设计者不仅要掌握基本的网站制作技术，还需要掌握网站的风格、色彩氛围等。

7.1.1　色相情感

　　不同的颜色会带给受众不同的心理感受，每一种颜色都会包含其特定的视觉传达意义，如表 7-1 所示。同时随着饱和度、透明度等各个因素的变化，颜色所传达的意义又会发生相应的变化。

　　可以称为色相的色系有 7 种，包括红色系、橙色系、黄色系、绿色系、青色系、蓝色系、紫色系。

1．红色情感

　　红色系是热情奔放、充满喜庆的色彩，年轻的新婚夫妻采用红色最为贴切，可以展现青年生机勃勃的朝气。同时红色色感温暖，性格刚烈而外向，是一种对人刺激性很强的颜色，容易引起人的注意，也容易使人兴奋、激动、紧张、冲动，容易造成人视觉疲劳，如图 7-1 所示。

表 7-1　色相情感

色彩	积极的含义	消极的含义
红色	热情、亢奋、激烈、喜庆、革命、吉利、兴隆、爱情、火热、活力	危险、痛苦、紧张、屠杀、残酷、事故、战争、爆炸、亏空
橙色	成熟、生命、永恒、华贵、热情、富丽、活跃、辉煌、兴奋、温暖	暴躁、不安、欺诈、嫉妒
黄色	光明、兴奋、明朗、活泼、丰收、愉悦、轻快、财富、权力、自然、和平、生命、	病痛、胆怯、骄傲、下流
绿色	自然、和平、生命、青春、畅通、安全、宁静、平稳、希望	生酸、失控
蓝色	久远、平静、安宁、沉着、纯洁、透明、独立、遐想	寒冷、伤感、孤漠、冷酷
紫色	高贵、久远、神秘、豪华、生命、温柔、爱情、端庄、俏丽、娇艳	悲哀、忧郁、痛苦、毒害、荒淫
黑色	庄重、深沉、高级、幽静、深刻、厚实、稳定、成熟	悲哀、肮脏、恐怖、沉重
白色	纯洁、干净、明亮、轻松、朴素、卫生、凉爽、淡雅	恐怖、冷峻、单薄、孤独
灰色	高雅、沉着、平和、平衡、连贯、联系、过渡	凄凉、空虚、抑郁、暧昧、乏味、沉闷

　　用红色为主色的网站不多，在大量信息的页面中有大面积的红色，不易于阅读。但是如果搭配好的话，可以起到振奋人心的作用。最近几年，网络以红色为主色的网站越来越多。

　　将红色运用在网站中时要十分注意颜色的搭配，因为大面积的红色容易引起视觉的疲劳，不易于阅读，如果搭配得当，则会达到良好的视觉效果，如图 7-2 所示，简单的红色调中搭配了白色的商品 Logo，既可以吸引浏览者注意力，同时又突出了主题。

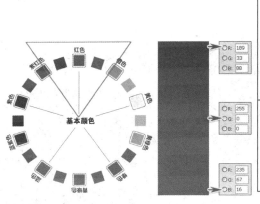

图 7-1　色相环中的红色范围

图 7-2　红色为主的网页

提　示

红色在网页中大多用于突出颜色，因为鲜明的红色极易吸引人们的目光。高亮度的红色通过与灰色、黑色等非彩色搭配使用，可以得到现代且激进的感觉。低亮度的红色依靠散发出的冷静沉重感营造出古典的氛围。

2. 橙色情感

橙色是一种充满活力的颜色，给人健康的感觉，橙色的食物可以使人食欲大增，给人一种健康、向往的喜悦感。有些国家的僧侣主要穿着橙色的僧侣服，他们解释说橙色代表着谦逊。橙色也会给人一种朝气活泼、温馨、时尚的感觉，可以改善人消极压抑的心情，如图 7-3 所示。

在网页中使用橙色作为主色调，强化了网页的视觉效果，同时其中又加入了绿色和白色点缀其中，使网页整体上看起来更加清新、错落有致，使页面更加生动，突出了网页所要宣传的主题，如图 7-4 所示。

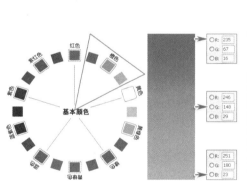

图 7-3　色相环中的橙色范围

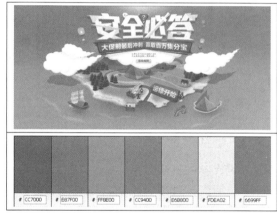

图 7-4　橙色为主的网页

3. 黄色情感

黄色是三原色之一，属于高明度色，有明快、轻薄的性格特征，能够刺激大脑中与焦虑有关的部分，因此具有警告的效果。例如日常生活中见到的马路上的指示灯。黄色也代表了早上第一道曙光的颜色，代表了太阳的光与热，充满了朝气与希望，给人留下光明、辉煌、充实、成熟、温暖、透明的感觉，如图 7-5 所示。

黄色是所有颜色中反光最强的。当颜色加深的时候，黄色的明亮度最大，其他颜色都变得很暗。它有激励，增强活力的作用，能够增加清晰度，便于交流，所以是站点配色中使用最为广泛的颜色之一。

4．绿色情感

绿色与人类息息相关，是永恒的欣欣向荣的自然之色，它是由蓝色和黄色对半混合而成的，被看作是一种和谐的颜色，象征着生命、平衡、和平和生命力。有缓解眼部疲劳的作用，给人带来一种安静、祥和、舒缓的感觉，所以为了保护眼睛，平常要尽量多看一些绿色。对于经常使用计算机的用户，可以把计算机桌面设置成和绿色有关的界面，如图 7-6 所示。

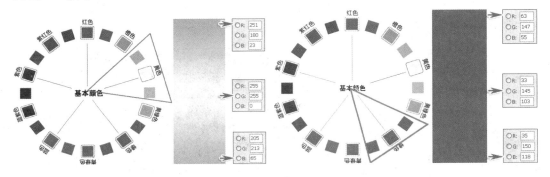

图 7-5　色相环中的黄色范围　　　图 7-6　色相环中的绿色范围

绿色给人一种健康的感觉，也经常用于与健康医疗相关的站点。在商业设计中，绿色所传达的清爽、理想、希望、生长的意象，符合服务业、卫生保健业的诉求，在工厂中为了避免工作时眼睛疲劳，许多工作的机械设备、医疗机构设施也都采用了绿色。

图 7-7 是一个背景为绿色，前景中插入了具有多种色彩的动画人物，同时白色的文字更加地突出，可以更好地吸引浏览者的视线，可以产生颜色逐渐推进和递增变化的视线感受，增加页面色彩的层次感。

5．蓝色情感

蓝色会使人自然地联想起大海和天空，所以也会使人产生一种爽朗、开阔、清凉的感觉。作为冷色的代表颜色，蓝色会给人很强烈的安稳感，同时蓝色还能够表现出美丽、文静、理智、安详、和平、淡雅、洁净、可靠等多种感觉。低彩度的蓝色主要用于营造安稳、可靠的氛围，而高彩度的蓝色可以营造出高贵、严肃的氛围。蓝色与绿色、白色的搭配在现实生活中也是随处可见的，如图 7-8 所示。

由于蓝色沉稳的特性，具有理智、准确的意象，所以经常使用在商业设计的站点中，如需要强调科技、效率的商品或企业形象时，大多选用蓝色作为标准色和企业色，如计算机、汽车、影印机、摄影器材等，如图 7-9 所示。另外蓝色也代表忧郁，这是受了西方文化的影响，这个意象也运用在文学作品或感性诉求的商业设计中。

图 7-7　绿色为主的网页

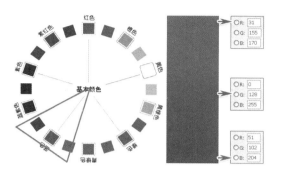

图 7-8　色相环中的蓝色范围

6. 紫色情感

紫色是波长最短的可见光波，是非知觉的颜色，美丽而又神秘，给人留下深刻的印象，它既富有威胁性，又富有鼓舞性，给人一种忠诚的虔诚感，象征着神秘与庄重、神圣和浪漫，有强烈的女性化特色，如图 7-10 所示。

图 7-9　蓝色为主的网页

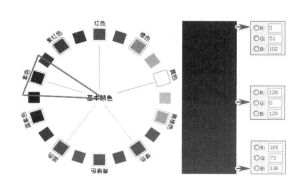

图 7-10　色相环中的紫色范围

紫色与红色结合而成的紫红色是非常女性化的颜色，它给人的感觉通常都是浪漫、柔和、华丽、高贵、优雅、奢华与魅力。特别是粉红色可以说是女性化的代表颜色，如

图 7-11 所示的页面具有非常强烈的现代奢华感，时尚张扬的配色组合符合该页面主题所要表达的氛围，让人印象深刻。

7. 黑白灰情感

黑白灰是最基本和最简单的搭配，白字黑底、黑字白底都非常清晰明了、简单大方。黑白灰色彩是万能色，可以跟任意一种色彩搭配，也可以帮助两种对立色彩和谐过渡。为某种色彩的搭配苦恼的时候，不防试试用黑白灰。

白色具有高级、科技的意象，通常需和其他色彩搭配使用，纯白色会带给别人寒冷、严峻的感觉，所以在使用白色设计网页时，都会掺一些其他的色彩，如象牙白、米白、乳白、苹果白，白色是永远流行的主要色，如图 7-12 所示。

| # 530827 | # 8D1A45 | # 893978 | # 9C5993 | # F055DB | # ED9EC5 | # EACEDD |

| # ffffff | # f2f4f4 | # c3c3c3 | # b0cc00 | # 008ad1 | # 30d3e2 | # 88d9fd |

图 7-11　紫色为主的网页　　　图 7-12　白色为主的网页

黑色具有深沉、神秘、寂静、悲哀、压抑的心理感受。黑色和白色，它们在不同的时候给人的感觉是不同的，黑色有时给人沉默、空虚的感觉，但有时也给人一种庄严肃穆的感觉。白色有时给人无尽的希望感，但有时也给人一种恐惧和悲哀的感受。要表达的什么样的情感具体还是要看与哪种颜色搭配在一块。

图 7-13 所示的电视剧宣传网页以黑色作为背景，昏黄色的人物居于中间，突出主体人物，同时又整体上给受众一种神秘、恐怖、昏暗的未知感，视觉冲击强烈，主次分明，黑色和黄色两种颜色的搭配使用表现出了一种古铜色的幽暗、神秘气息，让浏览者想要点击去探个究竟，跟恐怖电视剧的形象气质十分贴合。

灰色是日常生活中经常见到的颜色，它的使用方法同单色一样，通过调整透明度的方法来产生灰度层次，使页面效果素雅统一。灰色具有中庸、平凡、温和、谦让、中立和高雅的感觉，如图 7-14 所示。

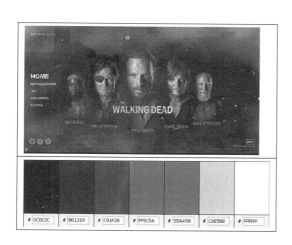

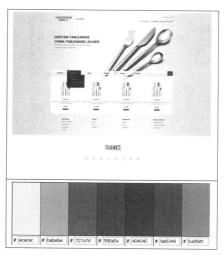

图7-13 黑色为主的网页　　　　　　　　图7-14 灰色为主的网页

在色彩世界中，灰色恐怕是最被动的色彩了，它是彻底的中性色，依靠邻近的色彩获得生命。灰色一旦靠近鲜艳的暖色，就会显出冷静的品格；若靠近冷色，则变为温和的暖灰色。与其用"休止符"这样的字眼来称呼黑色，不如把它用在灰色上，因为无论黑白的混合、半色的混合、全色的混合，最终都导致中性灰色。灰色意味着一切色彩对比的消失，是视觉上最安稳的休息点。

●--- 7.1.2　色调联想 ---

色彩本身是无任何含义的，联想产生含义，色彩在联想间影响人的心理、左右人的情绪，不同的色彩联想给每种色彩都赋予了特定的含义。这就要求设计人员在用色时不仅是单单地运用，还要考虑诸多因素，例如浏览者的社会背景、类别、年龄、职业等。社会背景不同的群体，浏览网站的目的也不同，而彩色给他们的感受也不同，同时带给客户的利益多少也不同，也就是说要认真分析网站的受众群体，多听取反馈信息，进行总结与调整。

表达活力的网页色彩搭配必定要包含红紫色，如图7-15所示，红紫色搭配它的补色黄绿色，将更能表达精力充沛的气息。较不好的色彩是红紫色加黄色，或红紫色加绿色，并不是说整个网页上不能搭配这两种色彩，而是相对运用的面积上应加以考虑。这两种色彩对比也许会暂时给人振奋的感觉，但会削弱网页整体的效果。唯有黄绿色加上红紫色，才是充分展现热力、活力与精神的色彩。

粉红色是一种由红色和白色混合而成的颜色，通常也被描述成为淡红色。颜色之中散发着浪漫唯美的气质，但是更准确的应该是把数量不一的白色加在红色里面，造成一种明亮的红。这种色彩多用在女性的身上，代表女性的美丽和温柔的天性，同时暗示着女性的优雅和高贵的风度，而深粉色则是代表着感谢，更能显出女孩子的娇柔可爱。在网页设计中使用浪漫的色彩如粉红、淡紫和桃红（略带黄色的粉红色），会令人觉得柔和、典雅，如图7-16所示。

图 7-15 红紫色联想

图 7-16 粉红色联想

海蓝色介于蓝色和天蓝色之间，属于蓝色颜色之一，寓意着美丽、文静、理智、安祥与洁净。海蓝色是最为大众所接受的颜色之一。采用这种颜色的色彩搭配的网页可以解释成值得信赖的网页。警官、海军军官或法官都穿着深色、稳定的海军蓝服装，以便在值勤时表现出庄严、支配的权威感。如图 7-17 所示的网页中，用蓝色作为背景，不仅给浏览者的空间环境带来安宁感，而且表达出教学实力强大、值得信赖的信息。

紫色是由红色和蓝色调和而成的，从一个画家的观点来说，紫色是最难调配的一种颜色，透露着诡异的气息，所以能制造奇幻的效果。在紫色中渗入少量的白色可以使紫色变得更加柔美、动人、和谐，增加了更多的女性气息和特色，给人一种甜美、可爱的亲切感，如图 7-18 所示。

图 7-17 深蓝色联想

图 7-18 紫色联想

在商业活动中，颜色受到仔细的评估，一般流行的看法是：灰色或黑色系列可以象征"职业"，因为这些颜色较不具个人主义，有中庸之感；灰色其实是鲜艳的红色或橘色最好的背景色。这些活泼的颜色加上低沉的灰色，可以使原有的热力稍加收敛、含蓄。虽然灰色不具刺激感，却富有实际感，它传达出一种实在、严肃、稳重的成熟气息，当与其他颜色搭配时，显得更加富有灵气，如图 7-19 所示。

● 7.1.3 色彩知觉

人们在平常的穿衣打扮中，选择什么样的颜色会流露出个人的喜好和心情，网页的设计师也是这样，首先要考虑的是在一幅作品所要传递的信息，这是设计者的目的所在，是相当重要

图 7-19 灰色联想

的。要能从作品表面看出实质，能够促使读者遐想到一些什么。为此在网页色彩搭配时设计者应该考虑到色彩的象征意义以及对浏览者的影响，如图 7-20 所示。

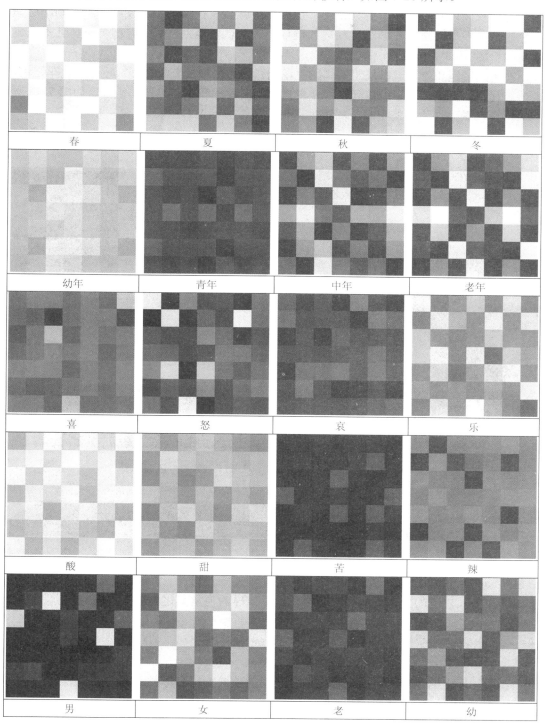

图 7-20　色彩知觉

通过观察以上所看到的色彩图片，读者肯定会随着颜色的不断变化，心情和心理状态上产生微小的相应变化，从而会做出不同的反应。例如，黄灿灿的金黄色让人情不自禁地想到秋天以及收获季节的喜悦感，视觉感上就会有种满足感，设计者可以利用这些颜色的特征根据网页的主题进行相应的设计，达到更好地宣传和提升网页整体艺术文化内涵的目的。

在色彩的运用上，可以采用不同的主色调，因为色彩具有象征性。暖色调，即红色、橙色、黄色、赭色等色彩的搭配，可使主页呈现温馨、和煦、热情的氛围。如图 7-21 所示的网页背景为红色，搭配绿色和黄色，呈现活泼的感觉。

冷色调，即青色、绿色、紫色等色彩的搭配，可使主页呈现宁静、清凉、清爽的氛围，如图 7-22 所示。

图 7-21　暖色调网页　　　　　　　　图 7-22　冷色调网页

7.2　网页色彩搭配方法

色彩是一种能够改变人类情感和心理状态、思想等信息的微妙的视觉元素，所以通过色彩的相互间对比调和等综合应用，可以使其在颜色对比、颜色比例、纯度、明度等方面产生不同层次的变化，从而也会传达出不一样的视觉变化，给人不同的视觉美感。

7.2.1　色彩对比

当两种以上的色彩组合后，根据颜色之间的差异大小会形成不同的表现效果。

1. 色相对比

两种以上色彩组合后，由于色相差别而形成的色彩对比效果称为色相对比。它是色彩对比的一个根本方面，其对比强弱程度取决于色相之间在色相环上的距离（角度），距离（角度）越小对比越弱，反之则对比越强。

1）零度对比

（1）无彩色对比：虽然无色相，但它们的组合在现实生活中具有很强的实用价值，如黑与白、黑与灰、中灰与浅灰、黑与白与灰、黑与深灰与浅灰等，如图 7-23 所示。

（2）无彩色与有彩色对比：黑与红、灰与紫、黑与白与黄、白与灰与蓝等，这种对比效果感觉既大方又活泼，无彩色面积大时，偏于高雅、庄重，如图 7-24 所示；有色彩面积较大时会增加整体画面的活泼灵动感，如图 7-25 所示。

图 7-23　无色彩对比

图 7-24　无彩色面积较大的网页

2）调和对比

（1）弱对比类型：例如深蓝色与浅蓝色。如图 7-26 所示，该网页的背景颜色就是浅蓝色到深蓝色的渐变。调和对比颜色之间的差异性不会太大，但产生的效果是较丰富、活泼，但又不失统一、雅致、和谐。

图 7-25　有彩色面积较大的网页

图 7-26　弱对比色彩网页

（2）中差色相对比类型：如黄与绿色对比等，如图 7-27 所示，效果明快、活泼、饱满、使人兴奋，对比既有相当的强度，又不失调和的感觉。

3）强烈对比

强烈对比为极端对比类型，指的是颜色之间的差异性很大，带给人的视觉冲击力也是很强烈的，极易抓住人的眼球，如红色与绿色、黄色与紫色对比等。如图 7-28 所示为紫色的网页背景与黄色的网页主题。

图 7-27　中差色相对比

图 7-28　强烈对比色彩网页

2．明度对比

两种以上色相组合后，由于明度不同而形成的色彩对比效果称为明度对比。它是色彩对比的一个重要方面，是决定色彩方案感觉明快、清晰、沉闷、柔和、强烈、朦胧与否的关键。

如图 7-29 所示分别为蓝色不同明度的对比效果。同样都是以蓝色为主要背景，由于蓝色的明度不同，而形成了两个不同感觉的色彩方案。一个对比较强，给人以明快、清爽的感觉，而另一个对比较弱，给人以和谐、统一的感觉。

图 7-29　明度对比

3．纯度对比

两种以上的色彩组合后，由于纯度不同而形成的色彩对比效果称为纯度对比。它是色彩对比的另一个重要方面。在色彩设计中，纯度对比是决定色调感华丽、高雅、古朴、粗俗、含蓄与否的关键。

如图 7-30 所示的是橙色的纯度对比，但是由于加入较多的灰色，使网页效果更加趋于稳重。

4．色彩的面积与位置对比

色彩面积也是决定网页设计效果是否合理的因素之一，因为有时候即使选择的配色是十分合理同时又极具特色的，但是如果色彩的面积上没有把握好，也会出现让人失望的效果，所以面积也是色彩不可缺少的特性。

1）色彩对比与面积的关系

当网页具有相同面积的色彩时，才能对比出差别，使其互相之间产生抗衡，才能产生强烈的对比效果。

随着面积的增大，对视觉的刺激力量也会加强，反之则削弱，如图7-31所示。因此，色彩的大面积对比可造成眩目效果。对比双方的属性不变，一方增大面积，取得面积优势，而另一方缩小面积，将会削弱色彩的对比。

图 7-30　纯度对比

图 7-31　网页中等面积的色彩对比

在网页中，当具有相同性质与面积的色彩时，与形的聚、散状态关系很大的则是其稳定性。形状聚集程度高者受他色影响小，注目程度高。

如图7-32所示的页面在使用大面积的绿色背景的情况下，只用了少量的红色作为点缀，色彩较集中，达到引人注目的效果。

2）色彩对比与位置的关系

由于对比着的色彩在平面和空间中都处于某一位置上，因此对比效果不可避免地要与色彩的位置发生关联。从这个意义上说，面积也是色彩不可缺少的特性。如图7-33所示为无彩色与有彩色的面积对比效果，其中无彩色占有大面积，有彩色只是小面积展示，但是其位置放置在网页的中间区域，这样能够突出该区域的信息内容。

提　示

在网页中，如"井字形构图"形成4个交叉点，当将重点色彩放置于视觉中心部位时，也会引人注目。

图 7-32　色彩大面积与小面积的对比

图 7-33　色彩对比与位置的关系

5．综合对比

多种色彩组合后，会在色相、明度、纯度等方面产生不同的差异和变换，随着这些差异和变化的不同所综合出的效果也是大相径庭的，这种多属性、多差别对比的效果，显然要比单项对比丰富、复杂，如图 7-34 所示。

7.2.2 色彩调和

色彩的美感能提供给人精神、心理方面的享受，人们都按照自己的偏好与习惯去选择乐于接受的色彩。

从狭义的色彩调和标准而言，是要求提供不带尖锐的刺激感的色彩组合群体，但这种含义仅提供视觉舒适的一方面。因为过分调和的色彩搭配，效果会显得模糊、平淡、

图 7-34 综合对比

乏味、单调，视觉可辨度差，容易使人产生厌烦、疲劳的不适应感等。但是，色相环上大角度色相对比的配色类型对眼睛具有强烈的刺激，会造成炫目感，更易引起视觉疲劳，使浏览者心理随着失去平衡而显得焦躁、紧张、不安，情绪无法稳定。因此，在很多场合中，为了改善由于色彩对比过于强烈而造成的不和谐局面，达到一种广义的色彩调和境界，即色调既鲜艳夺目、强烈对比、生机勃勃、而又不过于刺激、尖锐、眩目，就必须运用强刺激调和的手法。只有兴奋而没有舒适的休息会造成过分的疲劳与精神的紧张，调和也就无从可谈。由此看来，既要有对比来产生和谐的刺激，又要有适当的调和来抑制过分的对比刺激，从而产生一种恰到好处的对比与和谐，最终得到美的享受。

1．面积法

将色相对比强烈的双方面积反差拉大，使一方处于绝对优势的大面积状态，造成其稳定的主导地位，另一方则为小面积的从属性质。如图 7-35 所示的页面，虽然是黄色与紫色的补色搭配，但是背景与主体色调中均运用到黄色，而紫色只是小面积的点缀，这样使色彩对比强烈，增强浏览者视觉和心理的震撼力。

2．阻隔法

在组织鲜色调时，在色相对比强烈的各高纯度色之间，嵌入金、银、黑、白、灰等分离色彩的线条或块面，以调节色彩的强度，使原配色有所缓冲，产生新的符合视觉感受的色彩效果。

如图 7-36 所示的页面，在亮丽的金黄色背景中，分别在上下两个部分添加暗红色，使整个网页在辉煌中更加稳重。

3．统调法

在组合多种色相对比强烈的色彩时，为使其达到整体统一、和谐协调的目的，往往

用加入某个共同要素而让统一色调去支配全体色彩的手法，称为色彩统调。如图 7-37 所示的网页是由多种颜色组成的，为了使其协调，分别在绿色与蓝色中添加了白色，并且降低了各种颜色的纯度，只突出主体的颜色。

图 7-35　面积法调和

图 7-36　阻隔法调和

提　示

在使用统调法时，不仅可以通过色相进行统调，还可以使用明度和纯度进行统调，同样也可以达到色彩统一、和谐的效果。

4．削弱法

使色相对比强烈的颜色，在明度、纯度两方面拉开距离，减少色彩的同时对比，避免刺眼、生硬、火爆的弊端，起到减弱矛盾、冲突的作用，增强画面的成熟感和调和感。如红色与绿色的组合，因色相对比距离大，明度、纯度反差小，感觉粗俗、烦燥、不安。但分别加入明度和纯度因素后，情况会得到改观。例如，红色+白色=粉色，绿色+黑色=墨绿，这两种颜色组合好比红花绿叶，感觉自然、生动，如图 7-38 所示。

图 7-37　统调法调和

图 7-38　削弱法调和

5．综合法

将两种以上方法综合使用即为综合法。如图 7-39 所示的页面，当绿色与橙色组合时，使用面积法使橙色面积较大，绿色面积较小。同时在橙色背景中加入浅灰色、在主体背景黄色与绿色中加入中灰色，使整个网页色调更加协调。这就是同时运用了面积法和强对比阻隔的结果。

7.2.3　色彩呼应

色彩呼应也称色彩关联，当在同一平面、空间的不同位置使用色彩时，为了使其相互之间有所联系、避免孤立状态，可以采用相互照应、相互依存、重复使用的手法，从而取得具有统一协调、情趣盎然的反复节奏美感。色彩呼应手法一般有以下两种。

1．分散法

将一种或几种色彩同时放置在网页的不同部位，使整体色调统一在某种格调中，如图7-40所示，浅绿、浅红、墨绿等色组合，浅色作大面积基调色，深色作小面积对比色。此时，较深的颜色最好不要仅在一处出现，可适当在其他部位作些呼应，如瓶盖处、花盆中较密集的植物部位以及第一个栏目条等，使其产生相互对照的势态。

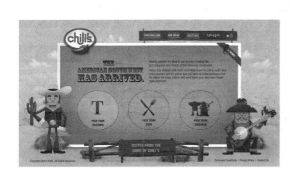

图7-39　综合法调和　　　　　　　　图7-40　网页的色彩分散法

注　意

色彩不宜过于分散，以免使网页出现呆板、模糊、零乱、累赘之感。

2．系列法

使一个或多个色彩同时出现在不同的页面，组成系列设计，能够使网站产生协调、整体的感觉。如图7-41所示的网页中使用了由浅红到深红的渐变，能够增强画面的整体感，同时又突出了主题的存在，加强网页层次感和律动性。

7.2.4　色彩平衡

色彩平衡是网页设计中的一个重要环节。通过网页的色彩对称、色彩均衡以及色彩不均衡的搭配，可以控制网页中颜色的分布，使页面整体达到平衡。

1．色彩对称

对称是一种形态美学构成形式，是一种绝对的平衡。色彩的对称给人以庄重、大方、稳重、严肃、安定、平静等感觉，但也易产生平淡、呆板、单调、缺少活力等不良印象。

（1）色彩的左右对称：在中心对称轴左右两边所有的色彩形态对应点都处于相等距离的形式。如图 7-42 所示的页面，由深蓝色到浅蓝色的渐变，既左右对称，又上下对称。

图 7-41　网页色彩的系列法

图 7-42　色彩的左右对称

（2）色彩放射对称：色彩组合的形象如通过镜子反映出来的效果一样，以对称点为中心，两边所有的色彩对应点都等距，并且按照一定的角度将原形置于点的周围配置排列的形式。

如图 7-43 所示的页面中的地球为对称点，两边所有的暗红色条按照一定的角度排列于地球周围，形成色彩的放射对称。

（3）色彩回旋对称：回旋角作 180° 处理时，两边形成螺旋桨似的形态。图 7-44 所示的页面中的紫色弧形，以圆心为对称点，两边形成螺旋桨似的形态，构成色彩回旋对称。

图 7-43　色彩放射对称

图 7-44　色彩回旋对称

均衡是形式美学的另一种构成形式。虽然是非对称状态，但由于力学上支点左右显示异形同量、等量不等形的状态及色彩的强弱、轻重等性质差异关系，表现出相对稳定的视觉生理、心理感受。

图 7-45 所示的页面色彩构成既有活泼、丰富、多变、自由、生动、有趣等印象，也具有良好的平衡状态，因此，最能适应大多数人的审美要求，是选择配色的常用手法与方案。

2. 色彩不均衡

色彩布局没有取得均衡的构成形式，称为色彩的不均衡。在对称轴左右或上下显示色彩的强弱、轻重、大小等方面存在着明显的差异，表现出视觉心理及心理的不稳定性。由于它有奇特、新潮、极富运动感、趣味性十足等特点，在一定的环境及方案中可大胆加以应用，被人们所接受和认可，称为"不对称美"。

图 7-46 所示的色彩布局没有取得均衡的构成，但是由于设计师在页面左侧采用了红色与绿色的对比，而在右侧采用了橙色与蓝色的对比，并且页面中的图形组合具有趣味性，充实了浏览者的思维，丰富了视觉感受。

图 7-45　色彩均衡　　　　　　　　　图 7-46　色彩不均衡

7.2.5　色彩重点

在为网页搭配颜色的过程中，有时为了避免整体设计单调、平淡、乏味，需要增加具有活力的色彩，通常在网页的某个部位设置强调、突出的色彩，可以起到画龙点睛的作用。重点色彩的使用在适度和适量方面应注意如下内容。

重点色面积不宜过大，否则易与主调色发生冲突而失去画面的整体统一感。面积过小，则易被四周的色彩所同化，不被人们注意而失去作用。只有恰当面积的重点色，才能为主调色作积极的配合和补充，使色调显得既统一又活泼，而彼此相得益彰。图 7-47 所示的页面，将小面积的绿色绘制成鞋形放置于页面的中心，将会吸引更多浏览的目光。

重点色应选用比基调色更强烈或有对比的色彩，并且不宜过多，否则多重点即无重点，多中心的安排将会破坏主次。图 7-48 所示的页面，选用较小面积的红色，与无彩色的白色盘子形成了较强的对比。

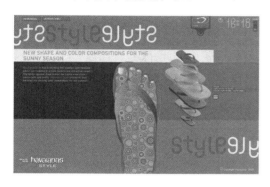

图 7-47　重点色的使用面积　　　　图 7-48　重点色不宜过多

注　意

并非所有的网页都设置重点色彩，为了吸引浏览者的注意力，重点色一般都应选择安排在画面中心或主要地位，并且应注意与整体配色的平衡。

7.3　思考与练习

一、填空题

1．可以称为色相的色系有＿＿＿＿种，包括＿＿＿＿、＿＿＿＿、＿＿＿＿、＿＿＿＿、＿＿＿＿、＿＿＿＿、紫色系。

2．表达活力的网页色彩搭配必定要包括＿＿＿＿。

3．网页色彩搭配方法主要包括＿＿＿＿种，包括＿＿＿＿、＿＿＿＿、＿＿＿＿、＿＿＿＿、＿＿＿＿。

二、选择题

1．下列选项中，＿＿＿＿不是冷色调范围。

A．青色　　　　　　　B．绿色

C．紫色　　　　　　　D．白色

2．下列选项中，＿＿＿＿和＿＿＿＿不属于色彩呼应手法。

A．分散法　　　　　　B．协调法

C．节奏法　　　　　　D．系列法

三、简答题

简述你对色彩搭配的理解及方法。

第8章

色彩于网页设计中的应用

色彩是艺术表现的要素之一,其视觉效果非常引人注目,它凭借无可抗拒的魅力让本身平淡无味的东西,瞬间变得生动起来。网页色彩是形成网页界面风格的最重要的组成部分,设计精良的网站离不开合理而统一的色彩设计。在网页中,设计师可以通过色彩的合理应用从而发挥情感攻势,刺激欲求,达到宣传网站整体形象和产品宣传的目的,力求增加潜在用户的数量。

本章在色彩构成的基础上,分别从网页中的色彩分类、网页色彩规则和分析以及一些特定类型网站中的色彩搭配分析总结,来着重介绍网页中色彩的运用。

8.1 网页中的色彩分类

处理好网页中色彩与网页之间的关系,才能使页面色彩达到统一和谐的视觉效果。静态色彩、动态色彩、强调色彩是根据色彩在网页中的不同作用划分的。其中静态色彩和动态色彩之间相互影响、相互协作。

图 8-1 所示的网页中的静态色彩是网页中的信息导航背景颜色和文字颜色,动态色彩是网页中的 Banner 图片所具有的颜色。

● 8.1.1 静态色彩

这里讲的静态色彩并不是静态的色彩的意思,而是结构色彩、背景色彩和表格色彩等带有特殊识别意义的、决定网站色彩风格的色彩。

静态色彩主要是由框架色彩构成的,也包括背景色彩等其他色块形式的色彩。框架色彩是决定网站色彩风格的主要因素,不论插图或者网络广告如何更换,最初和最终给浏览者留下深刻印象的就是框架色彩。

大型站点的装饰很少,大多数色彩是以 HTML 的形式直接填充在表格里的,十分直接地展示出来。对门户网站来说，静态色彩是网站风格的决定者，有着惊人的魅力和强烈的识别作用。如图 8-2 所示，该网站就是主要利用静态色彩来完成网页色彩搭配的。其中，静态色彩是网页中的信息导航背景颜色和文字颜色。

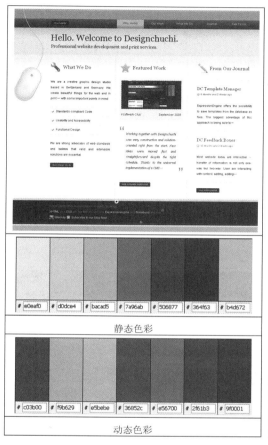

图 8-1　静态与动态色彩

图 8-2　静态色彩

8.1.2　动态色彩

动态色彩不是指动画中运动物体携带的色彩，而是插图、照片和广告等复杂图像中带有的色彩，这些色彩通常无法用单一色相去描绘，并且带有多种不同的色调，随着图像在不同页面的更换，动态色彩也要跟着改变。

以动态色彩为主体的网站主要是图片尺寸大、图片信息多的图片展示型的站点，或者是产品网站、彩信网站和虚拟人物等图片多的资讯站点等。图 8-3 所示的是以产品展示为主的网站，所以动态色彩较为突出、明亮，而静态色彩在该网页中只起到辅助作用。

在分析网站色彩之后，可以看出静态色彩决定了网站的色彩风格和网站给访问者留下的色彩印象；动态色彩则属于即时更换的图片或者广告中带有的颜色。不论动态色彩多么艳丽，也只能针对单独页面起到强烈的视觉引导作用。更换页面后，动态色彩就"消失"了。浏览者离开网站更不会记得动态色彩。

这样说并不代表动态色彩不重要，相反，两种色彩都十分重要，各有用途，需要相互协调合作。静态色彩的作用是永久的，动态色彩的作用是即时的。图 8-4 所示的页面中，导航栏目背景的淡紫色渐变为静态色彩，它与产品中的颜色互相融合，使网页有着整体和谐统一的视觉感。

图 8-3　动态色彩

图 8-4　静态色彩与动态色彩相结合

8.1.3　强调色彩

强调色彩又名突出色彩，是网站设计时有特殊作用的色彩，是为了达到某种视觉效果临时显示的色彩（有可能鼠标移走后就消失不见），或者是与页面静态色彩对比反差较大的突出色彩，或者是导航条中带有广告推荐意义的特殊色彩，或者是在大段信息文字中为了表示重点而加注在文字上的色彩等。如图 8-5 所示为网页主题区域突出，在淡色调网页背景中，为了突出主题，将其背景设置为粉色调。

强调色彩的作用就是在网页中起到突出、强调信息和负载元素的作用，这些元素主要包括导航条、表格信息、广告文字、宣传信息等。可以增强关键信息的存在感和着重性，如图 8-6 所示的网页，在灰黑色调的网页中，红色、黄色、紫色是最为亮丽的、与静态色彩对比反差较大的突出色彩。

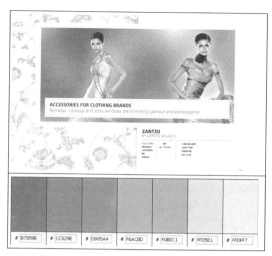

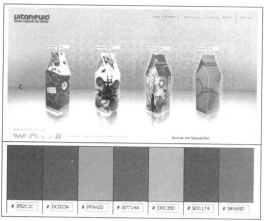

图 8-5　突出主题区域　　　　　　　　　　　　图 8-6　突出主题区域

　　图 8-7 所示的网页产品展示区域突出。特别是以展示产品为主的网站，经常将网站基本色调设置为无彩色色调，进而突出产品图片。

8.2　网页色彩规则

　　良好的色彩搭配，能够树立并提升网站的整体形象。下面从网站整体色彩规则、网页色彩搭配规律和网页各要素的色彩搭配三个方面对网页色彩规则进行分析。

8.2.1　网站整体色彩规则

图 8-7　突出主题区域

　　色彩设计中往往存在两个矛盾的方面：一方面，色彩构思与表现必须充分发挥设计个人的创造才能和气质；另一方面，色彩设计又是系统性、计划性很强的工作，不能单单依靠设计者个人的理解和喜好，而应该被多数人所接受。因此，网站整体的色彩设计要有计划性，这是设计师先理智后感性的思维过程。如果只处理好某一个页面的色彩，是无法形成网站统一的色彩风格的。

1.　可读性的色彩设计

　　网站是信息的载体形式，色彩设计必须以完成网站的可视性阅读功能为主要目的。白纸黑字的阅读效果为最佳，其他情况尽量以冷色调为主的明亮色调或者浊色调的色彩作为信息背景色彩，使文字色彩与背景色彩有一定的色彩落差。如图 8-8 所示为网页中淡绿色的背景颜色与较深绿色的文本颜色，较深墨绿色的色块与白色文字的显示效果。

（a）　　　　　　　　　　　　　　　　　　（b）

⬤ 图 8-8　可读性的色彩设计

专家指南

> 蓝色对视觉器官的刺激比较弱，当人们看到蓝色时，情绪都比较安宁。紫色属于中性色，对视觉器官的刺激也较一般。绿色的视觉观感也比较舒适、温和。黑色、白色和灰色是无彩色，白色和灰色作为主要承载信息区背景的颜色有良好的可读效果，刺激小，可以长时间阅读。而红色、橙色和黄色对视觉器官的刺激比较强烈，如果信息印在这些色彩上面，阅读不到几分钟，浏览者就会因视觉疲劳而放弃继续浏览网页。

2. 色彩计划

Flash 技术的应用使很多原本不可能实现的网站效果可以实现了。在色彩设计上表现为让浏览者任意选择背景色或者从几套配色方案任选自己喜爱的色彩组合。图 8-9 所示的网站首页为两种色调，单击左侧整个网页为绿色调，单击右侧整个网页显示为蓝色调。

（a）首页　　　　　　　　　　（b）绿色调　　　　　　　　　　（c）蓝色调

⬤ 图 8-9　网页配色方案

3. 色彩和谐统一

为了保证每次配合的色彩都能保持色彩和谐统一的风格，网站所有色彩均采用了类似色调。加了白和灰的柔和色调，给人一种温和、平稳的感觉。没有过大的色彩落差是保持统一风格的主要因素。如图 8-10 所示为该网站的 4 种色调，更换网页时，既更换网页色调，也更换与该色调相统一的图片，但是互相之间又有着联系。

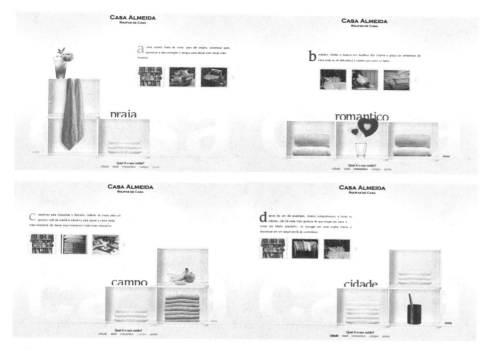

图 8-10 　色彩的和谐、统一

8.2.2　网页色彩搭配规律

打开一个网站，给用户留下第一印象的既不是网站丰富的内容，也不是网站合理的版面布局，而是网站的色彩。网页色彩搭配规律除了考虑网站本身的特点外还要遵循一定的艺术规律。从特色鲜明、讲究艺术性、黑色的使用、搭配合理、背景色的使用进行网页色彩搭配规律分析，在设计网页时必须要高度重视色彩的搭配。

1. 特色鲜明

如果一个网站的色彩鲜明，很容易引人注意，会给浏览者耳目一新的感觉。图 8-11 所示的网页，设计者使用了大面积绿色给人以生机蓬勃感之后，又搭配了面积较小但纯度较高的活泼的红色作为点缀，增强了页面活力，给予浏览者深刻的印象；图 8-12 所示的就是以高纯度色彩为背景颜色的页面，鲜明的色块形成强烈对比，简洁的网页设计方便用户浏览，突出了主题部位。

图 8-11 　红绿色搭配

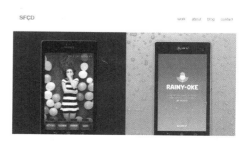

图 8-12 　强烈对比

2．讲究艺术性

网站设计也是一种艺术创作，因此它必须遵循艺术规律，设计者在考虑网站本身特点的同时，必须按照"内容决定形式"的原则，大胆进行艺术创新，设计出既符合网站要求，又有一定艺术特色的网站。

图 8-13 所示的网页类似于中国国画，写意抽象但又结合时尚的版式，使人感觉比较现代，具有特色；图 8-14 所示的为使用西方绘画方式而形成的网页，从创作理念、绘画手法的运用以及背景用色上看与中国国画的风格截然不同。

图 8-13　中国国画网页　　　　　　　图 8-14　西方绘画网页

3．黑色的使用

色彩要根据主题来确定，不同的主题选用不同的色彩。黑色是一种特殊的颜色，如果使用恰当、设计合理，往往会产生强烈的艺术效果，在如图 8-15 所示的网页中，大面积的黑色背景与白色、黄色以及绿色相搭配，同时加上一些艺术元素，使作品从效果到内涵变得截然不同。

4．搭配合理

网页设计虽然属于平面设计的范畴，但又与其他平面设计不同，在遵从艺术规律的同时，还考虑人的生理特点，合理的色彩搭配能给人一种和谐、愉快的感觉。如图 8-16 所示为色彩较少的网页，它以灰色调为主，并结合白色使用，给人以干净、整齐的视觉感受；图 8-17 所示的网页中，大面积的黑色

图 8-15　使用黑色的艺术性

背景与高纯度的黄色、蓝色、绿色以及紫色搭配，同时加入一些艺术元素，作品从效果到内涵都变得截然不同。

5．背景色的使用

背景色一般采用素淡、清雅的色彩，应避免采用花纹复杂的图片和纯度很高的色彩作为背景，同时背景色要与文字的色彩对比强烈一些，图 8-18 所示的就是以高纯度的

色彩为背景颜色的页面,形象生动的卡通设计、强烈的明暗对比使主题更加突出。图 8-19 所示的网页以素淡、清雅的色彩为背景,大面积的浅色使画面效果更加清晰。

图 8-16　颜色较少的网页

图 8-17　色彩丰富的网页

图 8-18　以高纯度为背景

图 8-19　以素淡、清雅的色彩为背景

8.2.3　网页各要素的色彩搭配

　　网页中的背景与文字、Logo 和 Banner、导航与小标题、链接颜色设置的色彩需按照内容决定其搭配,大胆进行创新,使网页更美观、更舒适,这样可以增强页面的可阅读性。因此,设计者必须合理、恰当地搭配页面各要素间的色彩,设计出既符合浏览者心理感受,又有一定艺术特色的网站。

1.　背景与文字

　　如果一个网站使用了背景颜色,那就必须考虑背景颜色与前景文字的搭配问题。一般的网站侧重的是文字,所以背景可以选择纯度或者明度较低的色彩,文字则用较为突出的亮色。如图 8-20 所示,背景使用了黑色,而文字内容使用了对比强烈的白色,使浏览者一目了然。当然,有些网站为了让浏览者对网站留有深刻的印象,在亮度较高的页面中或者页面的某个部分使用较亮的色块,首先让浏览者眼前一亮,吸引浏览者的视线,突出其背景,使用较暗的文字色彩,使其与背景分离开来,便于浏览者阅读,如图 8-21 所示。

图 8-20　深色背景与浅色文字　　　图 8-21　浅色背景与深色文字

2．Logo 和 Banner

Logo 和 Banner 是宣传网站最重要的部分之一，所以这两个部分一定要在页面上脱颖而出。同样，我们也可以采用对比的方法，将 Logo 和 Banner 的色彩与网页的主题色区分开来。如图 8-22 所示，不仅使用深色且具有立体感的 Logo，并且使用了色彩亮丽的蓝色 Banner，在以白色为背景的网页中较为突出，能够吸引众多浏览者的目光，使其对该网页留下深刻印象。如图 8-23 所示，在以深蓝色背景的网页中，设计师使用了白色的 Logo 和亮丽色彩搭配的 Banner，不仅突出了网页的主题，又与背景形成了强烈的对比，产生令人过目难忘的视觉印象。

图 8-22　网页中 Logo 和 Banner 的色彩　　　图 8-23　网页中 Logo 和 Banner 的色彩

3．导航与小标题

导航与小标题是网页的指路灯，浏览者要在网页间跳转，要了解网站的结构、网站的内容，都必须通过导航或者页面中的一些小标题，所以可以使用具有跳跃性的色彩吸引浏览者的视线，使浏览者感觉网站清晰明了、层次分明。

如图 8-24 所示，在黑色背景中，分别使用纯度较高的紫色、红色以及青色作为导航栏目，提升了网页的整体活跃性。而如图 8-25 所示，该网页则在白色背景中使用了绿色的小标题，清晰明了，而且具有层次感与整体协调感。

图 8-24 跳跃性的导航色彩

图 8-25 跳跃性的小标题

4. 链接颜色设置

一个网站不可能只是单独的一页，所以文字与图片的链接是网站中不可缺少的一部分。这里特别指出文字的链接，因为链接区别于文字，所以链接的颜色不能跟文字的颜色一样。现代人的生活节奏相当快，不可能在寻找网站的链接上花费太多的时间，所以设置独特的链接颜色，可以让人感觉该网页的独特性，从而便于浏览者查阅。如图 8-26 所示，在黑色背景中使用了绿色文字链接，使浏览者在查找相关内容时一目了然。

图 8-26 链接颜色设置

8.3 网站色彩分析

色彩作为传达网站形象的首位视觉要素，会在访问过网站的使用者脑中留下长久的印象。即使使用者无法清楚地记住自己访问过的网站的外形特征，至少能够容易地想起网站的色彩。因此，我们从网页的主题、风格和色调三个方面对网站色彩进行分析。

8.3.1 网页主题与色彩调配

现如今的网页种类繁多，像化妆品网站、电子商务网站、医疗保健网站等，每个网站都会根据用户群体需求的不同，设计和分配网站的内容、布局和信息，吸引和满足所服务用户的需要。

在网页设计时，不仅要结合人的个性与共性、心理与生理等各种因素，还要充分考虑到设计色彩的功能与作用，体现最初的设计思维，达到相对完美的视觉和心理效果。因此，在定义网站风格时，应参照一般的色彩消费心理，如餐饮、食品类网页色彩适宜采用暖色系列。图 8-27 所示的网页采用黄色为背景，并以红色、绿色作为点缀，从而刺激消费者的食欲。而图 8-28 所示的网页为展示甜点的网站，虽然采用了绿色，但是绿色中包含了暖色调的黄色，使用的红色与紫色更加衬托出甜点的美味程度。

图 8-27　食品网站　　　　　　　　　　　图 8-28　甜点网站

　　儿童用品或者与儿童相关的网页，则适宜采用色彩鲜艳对比强的色调。如图 8-29 所示为儿童摄影网站，使用亮度较高的绿色、红色、蓝色以及黄色，利于体现儿童活泼、欢快的特点。

　　在确定网站的主体色调后，在设计过程中不仅要对文本、图片的色彩谨慎选择，使其网页整体色彩搭配和谐、统一、平衡、协调等，而且也要注意各种色彩的面积大小、所占比例等问题，使浏览者在接受网页传达信息的同时也能感受到浏览其网站是一种视觉与精神上的享受。

图 8-29　儿童类网页的色彩运用

　　图 8-30 所示的网页为机械产品，采用冷色系列不仅给人以庄重、沉稳的感觉，而且能够表现设计者严谨、科学、精确的设计理念，能够让消费者放心地使用该产品。而电子产品适宜采用偏冷的灰、黑系列，图 8-31 所示的是展示电脑产品的网页，网页中采用了灰色金属质感的肌理作为背景，这样使底纹与产品材质完美结合，有利于表现金属的坚硬感。

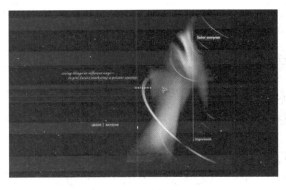

图 8-30　机械产品的色彩运用　　　　　　图 8-31　电子产品的色彩运用

　　确定网站的主体色调后，在设计过程中不仅要对文本、图片的色彩谨慎选择，使其网页整体色彩搭配和谐、统一、平衡、协调，而且也要注意各种色彩的面积大小、所占比例等问题，使浏览者在接受网页传达信息的同时也能感受到浏览其网站是一种视觉与精神上的享受。图 8-32 所示为企业网站中的色彩搭配。

精彩的网页设计是依靠协调的色彩来体现的。色彩的搭配不仅体现着美学的诉求，而且是一种可以强化的识别信号。所以，主体色调一旦确定，就要保持一定的稳定性，用这种色彩来帮助受众识别网站。图 8-33 所示的网页中选取灰蓝色作为主体色，这正与其宣传产品的色彩相吻合，对于识别和强化网站的产品信息起了很大的作用。

图 8-32　企业网站　　　　　　　　　图 8-33　协调的色彩

色彩运用于网页中，若要发挥色彩运用的最佳功能，重要的是要准确地传达色彩的情感。图 8-34 所示的男性服装网页，灰色与黑色的配合运用充分把男性具有的刚强、沉稳、严谨的特点表现出来了，同时色彩也赋予了网页"人格化"的特点。设计者根据网站中所要展示的产品性质，可以有选择性地来决定网站基本色调。

色彩在网站形象中具有重要的地位，通常，新闻类的网站会选择白底黑字，因为人们习惯于阅读这类报纸，所以在潜意识中，这种色彩将新闻信息传达到浏览者脑海的机率最高。网页中的白底黑字，可以使浏览者更方便地阅读该网页中的资讯，如图 8-51 所示。

提　示

有时白底黑字会显得过于生硬，这时就可以将字体颜色设置为深灰色，同样能够达到相同的效果。

图 8-34　男士服饰网站　　　　　　　图 8-35　文字颜色

色彩作为网站设计主要体现风格形式的视觉要素之一，对网站设计来说分量是很重的。设计师常常从接到项目单起就在思考使用怎样的色相、色调来烘托信息内容更为合适、合理，而当将同样的信息内容交于不同的两位设计师时，做出的网站绝对也不相同，色彩也是一样，即便是相同的色相、色调，通过不同的排版方式、调和与组合，达到的页面效果也会是截然不同的。图 8-36 所示的两个网站都采用绿色调，但是前者卡通形象偏重，后者给人清新、自然的感觉。

（a）　　　　　　　　　　　　　　　　　（b）

图 8-36 同色调不同风格的网页

重视色彩的同时也要重视页面中的其他视觉元素，好的色彩搭配方式对网站设计来说如虎添翼。如果没有很好的信息结构，只是孤立地看网站配色，最终也无法做出完美和谐的作品。

由色彩设计形成特殊风格的优秀网站是比较多的，对于网页颜色来说，并非单一谈论图像颜色、文字颜色或底色，而是以浏览者的角度来观看，整体网页看上去是偏向哪种色系。常常见到许多网站虽然色系搭配得很好，却没有自己的风格。此时，大多数人会采用一些流行色作为选色的对象，一味地模仿只会失去自己的特色，要合理地综合运用色彩，设计出符合站点要求的风格，如图 8-37 所示。

色彩设计既要有理性的一面，还要有感性的一面，设计者不仅要了解色彩的科学性，还要了解色彩表达情感的力度。色彩设计不仅是为了传递某种信息，更重要的是从它原有的魅力中激发人们的情感反应，达到影响人、感染人和使人容易接受的目的。如图 8-38 所示为一种酒的网页，通过人物表情与红色、绿色的运用，来刺激消费者的味觉。

所谓写实风格网站，指的是网页中的产品为真实物的图像。将自己的产品外观、特色、风格正确、忠实地显示出来，同时网页在色彩搭配上注重如何更好地衬托产品。如图 8-39 所示为两个不同风格的糕点网页。

图 8-37　多种色彩组合

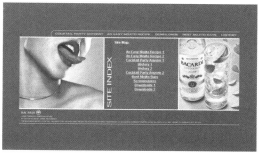

图 8-38　通过色彩刺激受众

（a）

（b）

图 8-39　写实风格网站

所谓抽象风格网站，与写实风格相反，根据自己的产品外观、特色、风格用简单的图像形象在网页中形象地概括表示产品。图像可以稍加夸张、卡通化、生动化等，在颜色上也可以稍加变动，如图 8-40 所示。

（a）

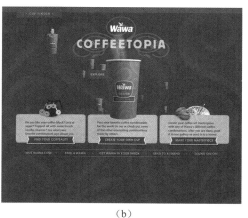

（b）

图 8-40　抽象风格网站

8.3.3　同色调的不同风格网站

同一色调中，不同的明度，或者不同的纯度，会产生不同风格的网站。同一色调还可以通过使用不同的面积、与其他颜色搭配，以及主题等各方面因素，而产生不同风格的网站。

1. 橙色

橙色是十分活泼的光辉色彩，是最温暖的色彩，给人以华贵而温暖、兴奋而热烈的感觉，也是令人振奋的颜色。将其运用到餐饮类网站中时可以刺激食欲，所以多数餐饮网站都以橙色调为主。同一色调，与其他颜色搭配，会产生不同的网站风格，如图 8-41 所示。

（a）

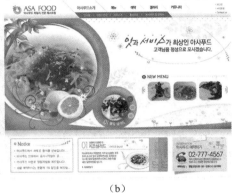
（b）

图 8-41　不同风格的橙色调网站

2. 绿色

在商业网页设计中，绿色所传递的是清爽、理想、希望和生长的意象，较符合服务业、卫生保健业、教育行业、农业类网页设计的要求，如图 8-58 所示的网页，一个是文学网站，另一是绿色食品网站。两者虽然都以绿色调为主，但同一色调通过使用面积的不同，风格上也会有所不同。

（a）

（b）

图 8-42　不同风格的绿色调网站

3．红色

红色容易引起人的注意，在各种媒体中被广泛地运用，具有较佳的明视效果，也被用来传达具有活力、积极、热诚、温暖以及前进等含义的企业形象与精神。同时在红色中适当地加入黑色，由于降低了明度形成了深红色，使红色系中的明度变化，颜色较深沉，传达的是稳重、成熟、高贵的信息。如图8-43所示为料理网站和咖啡网站。

（a）料理网站 （b）咖啡网站

图8-43 不同风格的红色调

4．土黄色

以温暖的土黄色为基调，给人一种沉稳、高贵之感。土黄色既包含凝重、单纯、浓郁的情感，又象征着希望与辉煌，寓意企业将会飞黄腾达。它接近大地的颜色，比较自然亲切；它踏实、健康、阳光，表示成熟与收获。如图8-44所示为同色调的糕点网站和咖啡网站。

（a）糕点网站 （b）咖啡网站

图8-44 不同风格的土黄色网站

5．黑色

黑色是永远的流行色，适合于许多色彩搭配，具有高贵、稳重、科技的意象，是许多科技网站的主色调，配合其他辅助色，营造出科技的神秘感。如图 8-45 所示以黑色为网页背景的网站中，在其中同样搭配红色，但黑色产生庄重、严谨、沉稳的效果。这是因为黑色背景中搭配的红色为深红色，从而使黑色背景的网站产生庄重、稳定的风格。另外在一些音乐网站中也常常用黑色为主色调，营造出炫酷的氛围。

（a）

（b）

图 8-45　不同风格的黑色调网站

8.4　思考与练习

一、填空题

1．网页中静态色彩和动态色彩之间_____、_____。

2．强调色彩的作用就是在网页中起到突出、强调信息和负载元素的作用，这些元素主要包括等。

3．从_____方面进行分析网页色彩搭配规律。

二、选择题

1．动态色彩是网页中的_____所具有的颜色。

A．文字　　　　　　　B．图片

C．页眉　　　　　　　D．Banner 图片

2．我们从_____、风格和色调三个方面对网站色彩进行分析。

A．设计　　　　　　　B．网页的主题

C．颜色　　　　　　　D．静态色彩

三、简答题

简述网页中的静态色彩。

第 9 章

网页设计趋向

网页设计一路发展到现在，技术的革新带动了设计行业的的迅猛发展，使得设计师和开发者有了更广阔的的探索天地。而网页设计也在不断地推陈出新，发展出了众多的风格。我们要制作出让人眼前一亮的网页，就必须了解现今的网页设计趋势。

本章介绍几种当下被人们推崇和惯用的流行网页设计类型，包括超长网页、冷色调和鲜艳颜色使用、杂志化等，希望为读者对当今网页设计趋势分析提供有力的帮助。

9.1　超长网页和冷色调、鲜艳颜色的使用

随着网络技术的快速发展，网页设计趋向也不断更新换代。人们喜欢和追随的一些设计元素就是网页设计发展的新趋向，所以洞察和把握这些不断变化和发展的流行元素也是作为一个网站设计师所要承担的任务，下面我们来介绍超长网页和冷色调、鲜艳颜色的使用设计趋势。

9.1.1　超长网页

我们在生活中常见到的长网页会挤满好多内容，我们习惯于滚动网页来获取信息，但并非全是挤满枯燥内容的长网页，其中也不乏由更多的留白空间以及快速响应技术合并而成的超长网页设计。这样的设计能使组织内容更加有序，格式也更便于阅读。专家调查发现，用户更喜欢滚动而非点击，所以许多品牌形象网站运用了这一点，将故事性与用户体验相结合，让单页网站的超长滚动获得了一致好评。如图 9-1 所示为 AnyForWeb 网站的网页设计。

9.1.2　冷色调和鲜艳颜色的使用被广泛接受

一直以来，冷色调、鲜艳的颜色与单一的颜色这三种颜色主题都广受认可，单从颜

色上来讲，这三种颜色风格也并驾齐驱，所以具体使用哪一种颜色主题还是要根据不同的项目定位。如图 9-2、9-3、9-4 所示。

图 9-1　超长网页设计

图 9-2　网页中冷色调的使用

图 9-3　网页中鲜艳颜色的使用

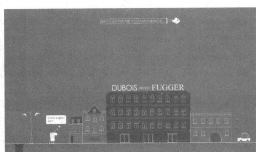

图 9-4　网页中单一的颜色风格

9.2　更趋向杂志化和视觉滚动

9.1 节我们介绍了超长网页和冷色调、鲜艳颜色的使用趋势，本节我们来介绍趋向杂志化和视觉滚动趋势，希望对读者学习网页制作、了解现今网页趋势有所帮助。

9.2.1　更趋向杂志化

如今，规规矩矩的框架版式设计已经很难吸引受众了，打破常规的排版对于网站设计来说已经越来越重要。随着平面设计人员逐渐涌入网页设计行业，网页版面当前越来越趋向杂志、海报等平面设计作品。具有杂志、海报等平面设计作品风格的网页，往往形式感、时尚感强烈，富有冲击力，如图 9-5 所示。

9.2.2　视差滚动

图 9-5　杂志化倾向

视差设计可以说是近年来网页设计中的一大突破，备受推崇。视差滚动是让多层背景以不同速度滚动，以形成一种立体的运动效果，给观者带来一种独特的视觉感受。除此以外，鼠标滚轮的流畅体验，让用户在观看此类网站时有一种控制感，简单来说这是有响应的交互体验。这种效果可以激励用户继续滚动、阅读、与网站互动，吸引用户看看接下来会出现什么。所以，目前无论是网站还是电商商品宣传页都经常采用视差设计来吸引眼球，很受用户喜爱，如图 9-6 所示。

（a）

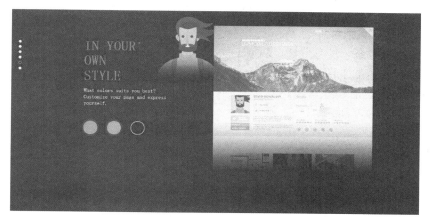

（b）

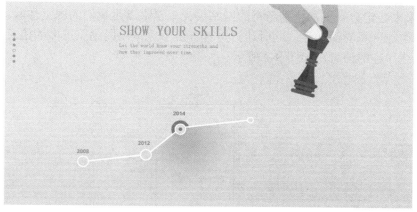

（c）

图 9-6　视差滚动网页

9.3　注重阅读体验和自定义个性化图标

9.2 节我们介绍了趋向杂志化和视觉滚动趋势，本节我们来介绍注重阅读体验和自定义个性化图标，希望对读者学习网页制作、了解现今网页趋势有所帮助。

9.3.1　注重阅读体验

当我们打开一个网站时，面临的第一个问题就是加载。优化加载过程，提前显示部分信息或者做个有趣的 loading 动画效果，让用户知道网站正在一步步执行他的操作，给予他应得的反馈，会让用户更有耐心地等待加载。

当一个网站需要用户提供频繁的操作时，一定会令人感到不适，而快速效率的操作，则足够为用户提供阅读时的专注与沉浸体验。很多博客杂志样式的网站都在普及化，设计上没有太多的框框条条，没有分栏的设计，而是简单的文字表达加上图文，摒弃了复杂的内容，使主体内容流畅地呈现，同时也提高阅读质量，如图 9-7 所示。

图 9-7　注重体验的网页

9.3.2　自定义个性化图标

未来的网站将会更注重个性化，一个打破常规风格的图标就能很好地体现出网站的别具一格。这些具有个性化的网站将更受年轻受众的喜爱，不少新生网站会采取一些个性化的图标来营造一种不一样的独特风格，增加图标的表现力，HTML5 插件的普及也会让网站更加生动，未来必定会有更加特别新奇的网站设计元素来满足我们的视觉体验。这些图标的应用也会增加网页的简洁性，同时让浏览者一目了然，不用浏览过多的信息便可以直接选择自己感兴趣的信息，如图 9-8 所示。

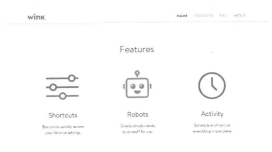

图 9-8　自定义个性化图标的网页

9.4 分层结构设计和响应式设计

9.3 节我们介绍了注重阅读体验和自定义个性化图标,本节我们来介绍分层结构设计和响应式设计,希望对读者学习网页制作、了解现今网页趋势有所帮助。

9.4.1 分层结构设计

通常,屏幕界面以水平方式展示,没有纵深层级感。而分层结构设计是一种层次感的变革,模糊的背景、带有纵深感的层次及动效,拓展了屏幕空间,塑造出内容的层级感。这样的手法也被很多设计师逐渐运用到自己产品中,这种设计将信息分层归纳,体验上能够感觉到明显的层级感,区分主次信息的展示,更专注于内容,更多地展示信息,减少结构层级,提高操作效率,如图 9-9 所示。

 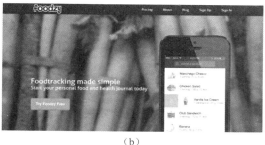

（a）　　　　　　　　　　　　　　　　（b）

图 9-9 分层结构设计

9.4.2 响应式网页设计

几年前,响应式设计还只限于计算机、平板和智能手机,而现在随着智能手表、电视和其他智能家居的发展,响应式设计涉及的范围越来越大。尽管每一种平台都有独特性,但平板和智能手机就有着相似的交互系统,文本大小也差不多,分析起来比较方便。由于台式机、笔记本、平板电脑、手机等设备的多样性,能够适应不同尺寸显示屏的网页是现在的潮流,甚至是未来很长一段时间的设计趋势。这种特别的开发方式能保证网页适应不同的分辨率,让网页要素重组,使其无论在垂直的平板电脑还是智能手机上,都能达到最好的视觉效果。

除了多终端的多样化,我们还可以看到计算机屏幕、手机屏幕都在不断变大,而在对未来生活的预测、概念设计里,"屏幕"这个产物更是被运用到多种新平台上。例如微软发布的"未来生活概念视频"里,厨房、室内墙壁、办公室玻璃墙面都成为了交互平台。所以我们可以发现,响应式网页设计所具备的良好的适应性和可塑性,在未来的网页设计里将占有举足轻重的位置,如图 9-10 所示。

图 9-10 响应式网页设计

9.5 扁平化设计和去 Flash 设计

9.4 节我们介绍了注重阅读体验和自定义个性化图标,本节我们来介绍分层结构设计和响应式设计,希望对读者学习网页制作、了解现今网页趋势有所帮助。

9.5.1 扁平化设计

扁平化设计可以说是去繁从简的设计美学,去掉所有装饰性的设计,是对之前所推崇的拟物化设计的颠覆。它提供了一种新的设计思维,已经成为当下的一种潮流。扁平化设计丢弃了阴影及渐变效果,使某些元素获得了视觉上的升级。在以后的改革中,Web设计风格将会更直观、简单、界面平面化。其实扁平化设计不仅仅提供了新的外观,它还提升了性能,排除了增加流量的阴影和渐变效果,提高了网页的打开速度,如图 9-11所示。

9.5.2 去 Flash 设计

一个网站用 Flash 引导动画是非常炫酷的,但越来越多的人希望在网页中能有清爽干净的浏览体验。从视觉效果来看,Flash 动画确实能为网页设计增添不少特色,但由于一般 Flash 文件较大,导致网页打开较慢,浏览者没有耐心等待,很可能就会转而访问其他速度较快的网站。另外,Flash 也无法被搜索引擎读取到,这无疑会减少网站的曝光率,现阶段很多浏览器也已经不支持 Flash 格式,所以很多公司并不推荐在网页设计中使用 Flash 动画效果,如图 9-12 所示。

图 9-11　扁平化网页设计

图 9-12　去 Flash 网页设计

9.6 思考与练习

一、填空题

1. 一直以来,_____ 、 _____ 与

_____这三种颜色主题都广受认可,单从颜色上来讲,这三种颜色风格也并驾齐驱,所以具体使用哪一种颜色主题还是要根据不同的项目定位。

2. 分层结构设计_____的层级感。

3. 扁平化设计丢弃了_____效果，使某些元素获得了_____上的升级。在以后的改革中，Web 设计风格将会更_____ 。其实扁平化设计不仅仅是提供了新的外观，它还提升了性能，排除了_____ 和 _____效果，提高了网页的打开速度。

二、选择题

1. 下列选项中_____不是现今网页设计趋势。

A. 超长网页　　B. 杂志化

C. 视差滚动　　D. 鲜嫩色彩

2. 下列选项中_____不是网页设计杂志化优点。

A. 形式感强烈　B. 运动效果强烈

C. 时尚感强烈　D. 富有冲击力

三、简答题

简述你对现今网页的发展趋势的看法。

第 10 章
网页版面设计

　　在设计网页版面时必须对网页版面构成元素有所了解，版面的构成元素主要包括网页版面文字、网页版面结构布局、网页设计风格、网页版面构成的艺术表现。网页版面设计也属于平面设计的范畴，所以平面设计中的一些构成原理和艺术表现形式也同样适用于网页版面设计。本章从网页版面文字、网页版面结构布局、网页设计风格、网页版面构成的艺术表现对网页版面设计进行分析。

10.1　网页版面文字

　　文字在网页设计中担任的是传播主要内容的角色，是一个网站的主体。所以，将文字合理地进行安排可以使网页更好地在传播主题内容的同时，方便浏览者阅读，提高网页的整体形象和美观性。

● 10.1.1　字体与字号

　　字体是多种多样的，不同类型的网页需要选择不同类型的字体来体现和传达特定的内容信息，一般情况下，字体可以分为衬线字体和无衬线字体。

　　衬线字体指的是在字体的边角位置多出一些修饰的字体。这样的好处就是，可以清晰地分辨出字母和文字，分辨出笔划的起始和终止。常见的英文衬线体包括 Times News Roman、Georgia、Courier New、Garamond 等；常见的中文衬线体包括宋体、仿宋等。图 10-1（a）所示的是 Times News Roman 字体，图 10-1（b）所示的是 Georgia 字体。

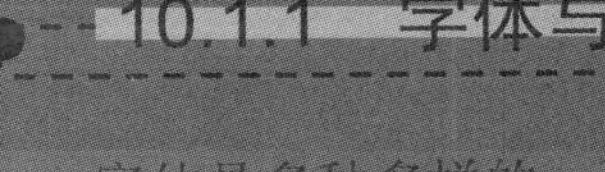

ABCD　　ABCD

（a）Times New Roman　　　　　　　　（b）Georigia

◆ 图 10-1　英文衬线字体

无衬线字体是指没有边角的修饰，令人看起来很整齐光滑的字体。常见的英文无衬线字体包括 Arial、Verdana、Tahoma、Calibri 等；常见的中文无衬线字体包括黑体、微软雅黑。图 10-2（a）所示的是 Arial 字体，图 10-2（b）所示的是 Verdana 字体。

ABCD　　ABCD

(a) Arial　　　　　　　　　(b) Verdana

图 10-2　英文无衬线体

衬线体开发的目的就是为了解决小字号印刷不宜辨认的问题。因此衬线体在打印和印刷品中常用于正文字体。无衬线体在印刷品中主要用于标题，更醒目。但是在网络中，字体的应用与印刷不同。网络的分辨率远远低于印刷，英文衬线体在小字号阶段反而比无衬线体更难辨认；中文因为文字笔画很多，小字号阶段偏瘦的宋体比胖胖的黑体更容易辨认。另外还有一个影响网络字体选择的重要因素——计算机字库和浏览器字体渲染。不同人的计算机系统中的字体不同，不同的浏览器支持的可渲染字体也不同，要让所有人都能看到设计最初的效果，则必须采用最常见的字体。鉴于以上原因，网页设计中使用的字体推荐如下。

英文：无衬线体——Helvetica、Helvetica Neue、Arial、Verdana、Trebuchet MS ，衬线体——Georgia、Times News Roman。

中文：宋体、黑体、微软雅黑。

网页字体最小采用 12px（像素），按 PC 分辨率换算，大约是 9 磅。当前网站上大多采用 14px 的宋体，划算成磅大约是 10.5 磅（Word 中的五号）。

标题和正文的字号要有所区别，一般情况下，标题的字号要大于正文字号，同时颜色也要有所区别，这样才会使文章内容看起来更加错落有致、层次感更强。

10.1.2　行距与文字背景

行距指的是两个相邻行之间的距离，行间距的单位常常使用 em。em 意为字体大小的倍数，1em 即行距为 1 倍字大小。排版上有个原则就是行与行之间的空隙一定要大于单词与单词之间的空隙，否则的话，阅读者容易串行，造成阅读困难。充分的行距可以隔开每行文字，使眼睛容易区分上一行和下一行。

近几年网上对于正文的排版，大多使用 1.5em 的行距，尤其是中文网站。适当的行距可以方便读者阅读，行距太小可能会给人一种压迫感，同时不同的文字之间要选择使用不同的行距。

网页设计的初学者可能习惯使用漂亮的图片作为网页的背景，但是当人们浏览一些著名、专业的大型商业网站时，会发现其运用最多的是白色、蓝色、黄色等单色，这样会让浏览页显得典雅、大方和温馨，最重要的是极大地增进浏览者开启网页的速度。

一般而言，网页的背景色应该柔和、素雅，配上深色的文字之后，看起来自然、舒适。但如果为了追求醒目的视觉效果，也可以为标题使用较深的背景颜色。下面介绍关于网页背景色和文字色彩搭配的一些经验值，这些颜色既可以作为文字底色，也可以作为标题底色，适度配合不同字体，相信会有不错的效果，希望对用户的网页制作有所帮助。

背景色为#f1fafa，是适合做正文的背景色，比较淡雅。配以同色系的蓝色、深灰色或黑色文字都很好，如图10-3所示。

背景色为#e8ffe8，是适合做标题的背景色，搭配同色系的深绿色标题或黑色文字，如图10-4所示。

图 10-3　适合做正文的背景色　　　　图 10-4　适合做标题的背景色

背景色为#e8e8ff，是适合做正文的背景色，文字颜色配黑色比较和谐、醒目，如图10-5所示。

背景色为#8080c0，配黄色或白色文字较好，如图10-6所示。

图 10-5　适合做正文的背景色　　　　图 10-6　#8080c0 背景色

背景色为#e8d098，配浅蓝色或蓝色文字较好，如图10-7所示。

背景色为#efefda，配浅蓝色或红色文字较好，如图10-8所示。

图 10-7　#e8d098 背景色　　　　图 10-8　#efefda 背景色

背景色为#f2f1d7，配浅蓝色或红色文字较好，如图10-9所示。

背景色为#336699，配白色文字比较合适，对比强烈，如图10-10所示。

背景色为#6699cc，适合搭配白色文字，可以作为标题，如图10-11所示。

背景色为#66cccc，适合搭配白色文字，可以作为标题，如图10-12所示。

背景色为#b45b3e，适合搭配白色文字，可以作为标题，如图10-13所示。

图 10-9　**#f2f1d7** 背景色

图 10-10　**#336699** 背景色

图 10-11　**#6699cc** 背景色

图 10-12　**#66cccc** 背景色

　　背景色为#479ac7，适合搭配白色文字，可以作为标题，如图 10-14 所示。

图 10-13　**#b45b3e** 背景色

图 10-14　**#479ac7** 背景色

　　背景色为#00b271，配白色文字显得比较干净，可以作为标题，如图 10-15 所示。
　　背景色为#fbfbea，配黑色文字比较好看，一般作为正文，如图 10-16 所示。

图 10-15　**#00b271** 背景色

图 10-16　**#fbfbea** 背景色

　　背景色为#d5f3f4，配黑色或蓝色文字比较好看，一般作为正文，如图 10-17 所示。
　　背景色为#d7fff0，配黑色文字比较好看，一般作为正文，如图 10-18 所示。
　　背景色为#f0dad2，配黑色文字比较好看，一般作为正文，如图 10-19 所示。
　　背景色为#ddf3ff，配黑色文字比较好看，一般作为正文，如图 10-20 所示。
　　浅绿色背景配上黑色文字或者白色背景配上蓝色文字都很醒目，但前者突出背景色，
后者突出文字。红色背景配上白色文字，较深的背景色配上黄色文字，都会更加突显

文字。

图 10-17　#d5f3f4 背景色

图 10-18　#d7fff0 背景色

图 10-19　#f0dad2 背景色

图 10-20　#ddf3ff 背景色

10.2　网页版面结构布局

网页布局类型有拐角型网页布局、"国"字型网页布局、左右框架型网页布局、上下框架型网页布局、封面型网页布局、综合框架型网页布局、标题正文型网页布局、Flash型网页布局。网页版面结构布局就是指对网页中的文字、图形等内容，也就是网页中的元素进行统筹规划与安排。网页布局的方法有两种，第一种为纸上布局，第二种为软件布局。

Photoshop CC 所具有的对图像的编辑功能在网页布局的设计上更是得心应手，并且可以利用层的功能设计出用纸张无法表现的布局意念。

提　示

许多网页制作者不喜欢先画出页面布局的草稿图，而是直接在网页设计软件里一边设计布局，一边添加内容，这种不打草稿的设计方式很难设计出优秀的作品来，所以在开始制作网页时，应该先在纸上画出页面的布局草稿。

10.2.1　拐角型网页布局

拐角型结构在形式上呈现的是上面是标题及广告横幅，接下来的左侧是一窄列链接等，右侧是很宽的正文，下面也是一些网站的辅助信息。在这种类型中，一些很常见的类型是最上面是标题及广告，左侧是导航链接，如图 10-21 所示。

图 10-21　拐角型网页布局

10.2.2 "国"字型网页布局

"国"字型也可以称为"同"字型，是一些大型网站所喜欢采用的类型，即最上面是网站的标题以及横幅广告条，接下来就是网站的主要内容，左右分列一些小条内容，中间是主要部分，与左右一起罗列到底，最下面是网站的一些基本信息、联系方式、版权声明等，这种结构是最常见的一种类型，如图 10-22 所示。

图 10-22 "国"字型网页布局

10.2.3 左右框架型网页布局

这是一种左右分为两页的框架结构，一般左边是导航链接，有时候最上面会有一个小的标题或标志，右面是正文。我们见到的大部分的大型论坛都是这种结构的，有一些企业网站也喜欢采用。这种类型结构非常清晰，一目了然，如图 10-23 所示。

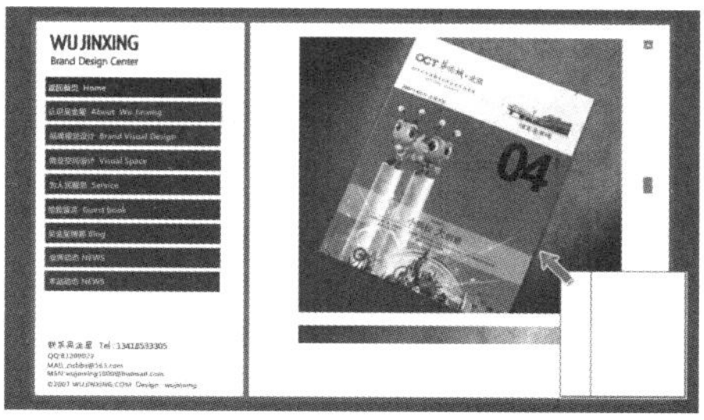

图 10-23 左右框架类网页布局

10.2.4 上下框架型网页布局

与左右框架型网页布局类似，区别仅仅在于这是一种上下分为两页的框架，这种框架的网页上面是固定的标志和链接，下面是正文部分，如图 10-24 所示。

10.2.5 封面型网页布局

这种类型基本上是出现在一些网站的首页，大部分为一些精美的平面设计结合一些小的动画，放上几个简单的链接或者仅是一个"进入"链接，甚至直接在首页的图片上做链接而没有任何注释。这种类型大部分出现在企业网站和个人主页，如果处理得好，会带来赏心悦目的感觉，如图 10-25 所示。

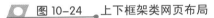

图 10-24　上下框架类网页布局

图 10-25　封面类网页布局

10.2.6　综合框架型网页布局

该布局是以上两种结构的结合。它是相对复杂的一种框架结构，较为常见的是类似于"拐角型"的框架结构，如图 10-26 所示。

10.2.7　标题正文型网页布局

标题正文型网页布局指的是最上面是标题或者类似的一些东西，下面是正文，例如一些文章页面或者注册页面等就是这种类型的网页，如图 10-27 所示。

图 10-26　综合框架网页布局

图 10-27　标题正文型网页布局

10.2.8　Flash 型网页布局

其实 Flash 型网页布局与封面型结构是类似的，只是这种类型采用了目前非常流行的 Flash。与封面型不同的是，由于 Flash 强大的功能，页面所表达的信息更丰富，其视觉效果及声音效果如果处理得当，绝不差于传统的多媒体，如图 10-28 所示。

10.3 网页设计风格

主题设计、极简主义、插画和素描设计、以字体为主的设计、纹理风格设计和手制的剪贴簿都属于网页设计风格。随着技术的不断发展和演进，网页的设计风格也进行了一些转变和重新塑造，不同的流行元素和科技元素加入其中，再加上具有

图 10-28　Flash 型网页布局

特色化的版面设计、文字搭配、色彩调整等各类组成元素，网页风格便呈现出了琳琅满目的状态。

10.3.1　主题设计

每一个网站都在为宣传或者传播某种事物而存在，而这些网页中的部分网页就在视觉上呈现出特别明显的主题化倾向，所有的视觉和听觉元素都在某种程度上跟所要解读的主题扯上关系，让你不由自主地就会联想到这些主题上，例如一个电影、一杯咖啡、一个餐厅，或者一种乐器。下面将以一些主题网站为例子来介绍不同的主题设计网页。

如图 10-29 所示，是一个在线风雨声音乐模拟网，可以为用户提供夏季消暑的轻音乐。提供在线爵士音乐效果的雨声模拟效果，让你在滴答声中听着优美的爵士音乐，获得清凉解暑的乐趣。

网站的图标就是一个喇叭的形状，寓意着跟声音有关系，同时大大的播放按钮简单醒目，让用户一目了然，方便使用。整个页面在版面设计上也没有太多的设计，映入眼帘的就是一个沾满雨水的玻璃窗背景，让用户不由自主地联想到清新的雨水哗啦啦地滴落，打湿了窗外的花草。所以说图片是最会通过视觉进入人的眼中，从而促使人产生联想的一个设计因素。简单的整体设计让用户直接进入主题，达到很好的宣传效果。

图 10-29　在线风雨声音乐模拟网页

如图 10-30 所示的是一个收集整理第一次世界大战历史老照片的图片库网站，目前已经收录了数百张珍贵的照片，可以通过这些伤痕累累的照片来了解第一次世界大战过程中的地理、人物风貌以及当时人类的情感状态。

网站以图片为主要的表现元素，来向用户展现历史事实和历史真实画面场景，文字简单朴实，直接入题，让人深思，大横幅的枪战照片也在进一步地强调战争这样一个主题，展现给浏览者的是同样的内容，但浏览者的情感却是千差万别的，可能会有忏悔，也可能会有同情、或者害怕和恐惧，这就是主题外所发人深思的东西。

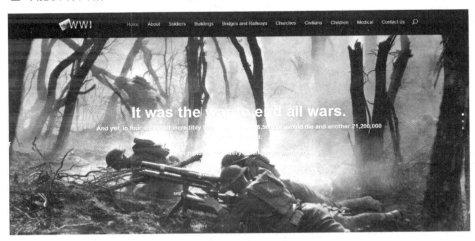

图 10-30　历史照片网站

如图 10-31 所示的网页是一个叫亚历克斯的摩托车爱好者骑着摩托车游遍世界各地同时拍摄下一些各地风景展示给用户浏览的网站。网页的主题就是个人摩托车旅行的经历，所以首先呈献给浏览者的是一个跟旅行有关的世界地图，上面分布有亚历克斯曾经去过的地方，鼠标单击后便可以看到他在这个地方的经历和沿途看到的一些风景，分享给世界各地的人观看。

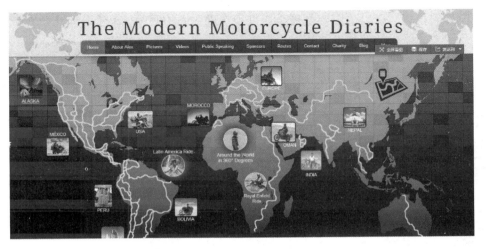

图 10-31　摩托车骑行网站

10.3.2　极简主义

Less is More（少就是多）是许多设计师的口头禅，在设计领域中，很多人都认同一切从简的思想。毕竟设计只是增强视觉的手段，简化网页设计是将复杂的东西浓缩简化成简单的东西。当然在简化的同时，不能丢掉有价值的东西。

用户不喜欢在浏览网页时，被混淆或者感觉到对网页失去控制。让他们把更多的时间花在阅读主要内容上，界面设计上要让他们方便找到自己需要的东西。简化网页设计可以从网页的简洁性、可读性和网页要突出的重点来入手。我们应该适当去掉一些没有必要的设计元素，至少做到整个网页设计不会干扰用户的阅读，如图 10-32 所示。

如图 10-33 所示，是一个背景采用从红色到蓝色的渐变颜色，前景则采用跟饮食相关的图片来呈现饮食的文化特色的网页，元素都十分清亮简单，给人耳目一新的感觉，同时也突出了主题元素。

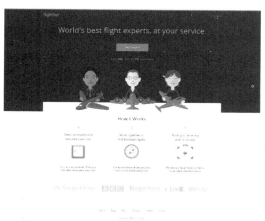

图 10-32　极简设计型网页

图 10-33　饮食类极简风格网站

10.3.3　插画和素描设计

插画是设计师创造具有独创性网站的一件法宝，而且作品大多数都极具特色，很容易让用户在浏览使用的同时印象深刻，从而记住网站，下面我们将在具体的网站中介绍插画带给网站的魔法盒魅力。

如图 10-34 所示的儿童读物网站，采用了大量的跟作品中角色相关的插画形象，让用户在单击网页的同时，能够简单地了解到作品的相关内容和风格特色。明亮的黄色调背景色以及其中的插画人物所采用的鲜艳配色会得到少年儿童的喜爱，极大地吸引目标受众。

图 10-34　儿童读物类插画网站

如图 10-35 所示的网页中的背景中采用了彩色的插画，跟网站的经营范围"讲述故事"有很大的关系。

素描元素在很大程度上都是以手绘元素为基础的，网站中加上这种元素，会呈现给浏览者一种清新、简单、自然的感觉，更加贴近用户，使用户更好、更快地接纳和融入网站之中，这是网站中采用素描元素的一大优势，不会产生像是数字性或者高科技所带来的陌生感和距离感，以一种平等和生活化的态度和方式去面对用户，如图 10-36 所示。

图 10-35　故事类插画网站

图 10-36　素描形式的网站 1

如图 10-37 所示的是儿童读物类的网站，其中使用素描来表现动画人物、对话框等元素，简单鲜明的轮廓使人物更加突出，增强网站的整体协调性和丰富度，同时也不会显得太过花哨，符合儿童群体的审美需求。

在如图 10-38 所示的网站中，插画人物十分醒目，突出了这个插画网站的服务内容——插画教学，各种插画造型也展现了教学内容的丰富度。

图 10-37　使用了插画元素的儿童读物类网站

图 10-38　插画类网站

10.3.4　以字体为主的设计

近年来，很多设计师将字体设计也列为网页设计中需要考量的对象，并作为设计中提升整个网页品味的重要元素。通过使用 CSS 3，设计师可以拥有许多自定义的字体，这也为网页的视觉设计增加了一个重要的设计思路。如图 10-39 所示的网页中，采用大的字体占据网页之中，将主题内容放大，突出醒目，能很好地吸引浏览者的视线。

如图 10-40 所示的网页是以文字为主体的网页，同时网页的 Logo 被放大，放在最醒目的位置，这种完全以文字为主体的网页也会在众多的网站中显得特别出众，彰显网页的独特性，吸引目标受众。

图 10-39　放大字体

图 10-40　以文字为主体的网页

　　如图 10-41 所示的网页是一个具有独特字体设计的博物馆网站,各种跟艺术相关的类型元素名称都在以或大或小的不同字体和样式出现在版面中,让浏览者可以很轻松地知道博物馆内的展品内容,选择自己感兴趣的方面,而不是进入子页面反复寻找才能找到。

图 10-41　特色字体艺术网站

10.3.5　纹理风格设计和手制的剪贴簿

　　跟纹理有关的元素包括点、线、形状、深度、容积及形式。这些部件中的每一种都可以创造出具有独特效果的纹理,或者通过组合拼贴形成不一样的风格类型。精心设计的纹理可以让网站整体上看上去更加精致,减少单调背景的单一性,同时又不会像大量元素设计网站看上去那么复杂,可以在中间起到一个缓冲和调和的作用,使整体网站看上去既不单调又不花哨,如图 10-42 所示。线条形的纹理背景中和了灰色所带来的简单性。

　　如图 10-43 所示的网页是一个日本提供外卖便当的网站,看上去十分简洁。前景为白色的手机,后面也采用白色的背景作为主体颜色,但如果不添加灰色的圆形、方形和三角形这些元素,就会让大块

图 10-42　背景为线条纹理的网站

的白色背景吞噬了白色的主体手机,从而不能达到预期的宣传效果,所以,添加和白色搭配但又不会抢掉白色手机风头的灰色便是一个很好的选择。

如图 10-44 所示的网页是一个书籍推荐网，网页导航条采用了木质的材料作为背景，同时主题背景图片也是采用木质地板作为主体背景，这种材质的纹理可以给人带来一种居家、温馨、舒适、安全、随性的家的感觉，同时暗色系的木地板也会给网站带来一种复古感，增加其文化气息，所以木质纹理适用于读书这种休闲娱乐网站。

图 10-43   背景为色块纹理的网站   图 10-44   木质纹理网站

手制的剪贴簿风格网页指的是通过将视觉上给人手制感觉的元素穿插在网页中，让其在网页中起到主体或者点缀作用，可以增加整体网站的随意性，比较适合休闲娱乐类型的网站造型。如图 10-45 所示，采用的就是类似剪纸效果的背景图案。

如图 10-46 所示的网页，其中标志、地标、比萨和食物图案都像是用纸剪下来的一样，边缘部位还带着一些白边的轮廓，随意中透露着有趣。

图 10-45   剪贴簿风格网页 1

如图 10-47 所示，网页中的卡通图片也给网页添加了趣味性。

图 10-46   剪贴画网页 2   图 10-47   剪贴画网页 3

10.4   网页版面构成的艺术表现

网页版面构成的艺术表现方式有重复、渐变以及空间构成，运用艺术表现方式不仅可以使网页更具有充实、厚重、整体、稳定的视觉效果，而且能够丰富网页的视觉效果，尤其是空间构成的运用，能够产生三维的空间，增强网页的深度感和立体感。

10.4.1　重复构成

重复是指同一画面上，同样的造型重复出现的构成方式，重复无疑会加深印象，使主题得以强化，也是最富秩序的统一观感的手法。在网站构成中使用重复可以分为背景和图像两种形态，在背景设计中就是形状、大小、色彩、肌理完全重复，如图 10-48 所示，反复采用六边形作为图片的形状。

图 10-48　重复构成网页

背景重复构成，在网页背景中使用较小的图案平铺，既可以得到想要的效果，还不会增加网页文件的大小，如图 11-49 所示。该网页中间是网站标志、进入按钮和友情链接。这些花纹的重复构成，全是为了衬托中间部分，所以它要以非常整齐的形态出现，这在很多网页中经常使用。

10.4.2　渐变构成

渐变是骨骼或者基本形循序渐进的变化过程中，呈现出阶段性秩序的构成形式，反映的是运动变化的规律。例如按形状、大小、方向、位置、疏密、虚实、色彩等关系进行渐次变化排列的

图 10-49　背景重复构成网页

构成形式。渐变是一种符合发展规律的自然现象，例如自然界中近大远小的透视现象等。

如图 10-50 所示的网页中，图案颜色是由红色到黄色、由大到小内向的渐变。

如图 10-51 所示的图像给我们带来视觉上的渐变效果，人物由远及近，又由近及远，不但从大小、方位上，而且从距离上都是渐变排列。

该网页中产品颜色由紫红色到绿色形成了渐变，由于产品由近及

图 10-50　渐变构成

远地排列，不仅给人以视觉上的层次感，而且容易在静止的图像中表现出动感，所以要想在有限的平面设计中表现动感效果，首先应该考虑渐变构成，如图 11-52 所示。

图 10-51 渐变构成

图 10-52 大小渐变

10.4.3 空间构成

我们一般所说的空间，是指的二维空间。在日常生活中我们可以看见，物体在空间中给人的感觉总是近大远小。例如在火车站，月台上的柱子近的高、远的低，铁轨是近的宽、远的窄，对这些特性加以研究探索，可分析立体形态元素之间的构成法则，提高在平面中构建三维形态的能力。

1．平行线的方向

改变排列平行线的方向，会产生三次元的幻想，如图 10-53 所示，为具有空间感的网页效果。

2．折叠表现

在平面上一个形状折叠在另一个形状之上，会给人有前有后、有上有下的感觉，产生空间感，如图 10-54 所示。

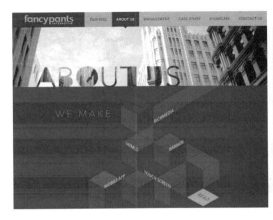

图 10-53 三维空间效果

图 10-54 折叠空间效果

3. 阴影表现

阴影的区分会使物体具有立体感和物体的凹凸感。如图 10-55 所示，阴影增加了图片的立体感。

图 10-55 阴影表现的立体效果

10.5　思考与练习

一、填空题

1. 网页版面的构成元素主要包括网页版面文字、网页版面结构布局、＿＿＿＿＿＿＿＿、网页版面构成的艺术表现。

2. 网页布局类型有＿＿＿＿＿＿＿＿、"国"字型网页布局、左右框架型网页布局、上下框架型网页布局、封面型网页布局、综合框架型网页布局、＿＿＿＿＿＿＿＿、Flash 型网页布局。

3. 网页设计风格包括＿＿＿＿＿＿＿＿＿＿。

二、选择题

1. 网页版面构成的艺术表现方式有＿＿＿＿＿、渐变以及空间构成。

    A．重复　　　　　　　B．翻转
    C．平移　　　　　　　D．旋转

2. ＿＿＿＿＿＿＿＿、极简主义、插画和素描设计、以字体为主的设计、纹理风格设计和手制的剪贴簿都属于网页设计风格。

    A．设计　　　　　　　B．主题设计
    C．正文　　　　　　　D．切片

三、简答题

简述网页版面结构的几种布局。

第 11 章

艺术类网站设计

　　艺术是一种社会意识形态，指用形象来反映现实但比现实有典型性，艺术元素包括文学、书法、绘画、雕塑、建筑、音乐、舞蹈、戏剧、电影、曲艺等。在艺术网站中，艺术元素同样适用于艺术网站的设计。

　　本章主要介绍艺术型网站的分类和网站在设计过程中网页色彩的搭配原则，并结合画廊网站首页与内页的设计来了解艺术类网站设计过程中的具体细节。

11.1　艺术类网站概述

　　艺术作品是艺术家审美理想的结晶，是美的创造的结果。它不仅以情动人，更以美感人，使人得到一种精神上的愉悦享受。艺术网站也属于艺术作品，是人们现实生活和精神世界的形象表现。根据表现手段和方式的不同，艺术类网站可分为表演艺术、视觉艺术、造型艺术、语言艺术和综合艺术。

11.1.1　表演艺术

　　表演艺术（音乐、舞蹈等）是通过人的演唱、演奏或人体动作、表情来塑造形象、传达情绪、情感从而表现生活的艺术，代表性的门类通常是音乐和舞蹈，有时将杂技、相声、魔术等也划入表演艺术。网站在设计上，要给观众创造十分美好的视觉享受和浪漫的情怀。如图 11-1 所示的音乐网站即表演艺术的一种。

11.1.2　视觉艺术

　　绘画艺术、雕塑艺术、服装艺术、摄影艺术都是传统的视觉艺术。造型手法多种多样，所表现出来的艺术形象既包括二维的平面绘画作品和三维的雕塑等艺术形式，也包括动态的影视视觉艺术等视觉艺术形式。视觉语言是由视觉基本元素和设计原则两部分构成的一套传达意义的规范或符号系统。其中，基本元素包括线条、形状、明暗、色彩、质感、空间，它们是构成一件作品的基础，视觉艺术则是利用这些语言构造而成的风格系统，在网站设计方面则要求视觉表现力和传达能力强，有全局观，注重细节。如图 11-2 所示的摄影网站即为视觉艺术。

图 11-1　音乐网站

图 11-2　摄影网站

11.1.3　造型艺术

造型即创造形体，是指以一定物质材料（雕塑、工艺用木、石、泥、玻璃、金属等，建筑用多种建筑材料等）和手段创造的可视静态空间形象的艺术，它包括建筑、雕塑、工艺美术、书法、篆刻等种类。网页为了创造良好形象，应遵循设计美学原则和规律来进行设计，使产品具有为人们普遍接受的"美"的形象，取得满意的艺术效果。如图 11-3 所示的折纸网站即为造型艺术。

造型艺术的物质媒介决定了作品的静态的永久性，它总是以静示动，寓静于动，以无声示有声，在一种永久的物质形态中表达深刻的历史和审美蕴涵。造型艺术的现代

图 11-3　艺术铜雕网站

发展打破了传统的再现的藩篱，日益由再现转向表现，艺术家可以通过造型艺术的创作活动来表现和传达自己的某种意识及情感倾向。

11.1.4　语言艺术

语言是人类用来沟通和交流的桥梁和媒介，同时文学与语言又有着千丝万缕的关系，文学是以语言为手段塑造形象来反映社会生活、表达作者思想感情的一种艺术，现代通常将文学分为诗歌、小说、散文、戏剧四大类。文学还拥有内在的、看似无用的、超越功利的价值。在网站设计方面页面要有条理性，结构清晰，如图 11-4 所示为文学网站。

11.1.5　综合艺术

综合艺术是戏剧、戏曲、电影、电视等一类艺术的总称。综合艺术吸取了文学、绘画、音乐、舞蹈等各门艺术的长处，获得了多种手段和方式的艺术表现力，从而形成了自己独特的审美特征。它将时间艺术与空间艺术、视觉艺术与听觉艺术、再现艺术与表现艺术、造型艺术与表演艺术的特点融合在一起，具有更加强烈的艺术感染力，如图 11-5 所示的动画网站的网页即为综合艺术。

图 11-4　文学网站

图 11-5　动画网站

11.2　艺术类网站设计

在现代设计领域中，插画设计可以说是最具有表现意味的，它与绘画艺术有着亲近的血缘关系。它是一种艺术表现形式，网站在设计方面要具有艺术性。本案例是插画画廊网站首页。网站采用了清新淡雅的背景色，巧妙地设计网站栏目内容。整体色调为淡黄色，加上少许的粉红色做点睛色，以达到陪衬、醒目的效果。

在制作过程中，首先制作与网站相符合的图像来衬托网站，使网站的特点鲜明。其次选择图像制作背景时，一般要求该图像颜色单一、色彩清淡，以保证前景色在背景的衬托下能清楚显示。首页效果如图 11-6 所示。

图 11-6　首页效果图

11.2.1　首页制作

（1）新建一个 1024×750 像素、白色背景的空白文档，命名为"画廊首页"。打开素材"花朵"文件，将除"草图"和"背景"以外的图层拖动至"画廊首页"，并合并所有花朵图层，如图11-7所示。

（2）将新图层改名为"花朵"，制作成水彩效果。选中"花朵"图层，按快捷键 Ctrl+J 复制图层。按快捷键 Ctrl+Shift+U 给"花朵 拷贝"图层去色（如不成功，请关闭输入法），如图11-8所示。

图 11-7　合并花朵图层

图 11-8　花朵去色

（3）接着执行【滤镜】|【风格化】|【查找边缘】命令，如图11-9所示。

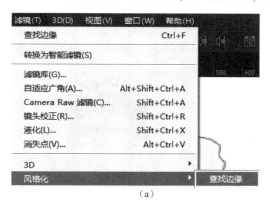

（a）

（b）

图 11-9　查找边缘操作

（4）执行【滤镜】|【滤镜库】|【艺术效果】命令，选择【木刻】效果，如图11-10所示。

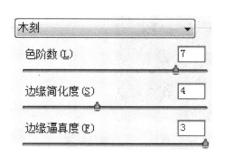

图 11-10　添加木刻效果

（5）按快捷键 Ctrl+J，复制图层"花朵 拷贝"为"花朵 拷贝 2"，如图 11-11 所示.

（6）执行【滤镜】|【模糊】|【高斯模糊】命令，设置半径为 4，如图 11-12 所示。

图 11-11　复制图层　　　　图 11-12　添加模糊效果

（7）将"花朵 拷贝 2"图层的图层混合模式更改为【滤色】，如图 11-13 所示。

（8）用同样的方法，将"花朵 拷贝"图层的图层混合模式改为【叠加】，如图 11-14
所示。

图 11-13　更改图层混合模式为【滤色】　　　图 11-14　更改图层混合模式为【叠加】

（9）单击选中"花朵"图层。按快捷键 Ctrl+J，复制生成"花朵 拷贝 3"图层。把
"花朵 拷贝 3"图层拖动到图层最顶端，调整透明度到 60%，如图 11-15 所示。

（10）打开素材"水彩晕染效果"，如图 11-16 所示。

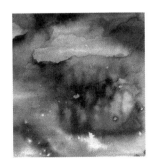

图 11-15　调整"花朵拷贝 3"图层　　　图 11-16　素材"水彩晕染效果"

（11）拖动"水彩晕染效果"至"画廊首页"文档，调整"水彩晕染效果"大小。按快捷键 Ctrl+Shift+U 为素材去色，如图 11-17 所示。

（12）将"水彩晕染效果"图层的【图层混合模式】改为【叠加】，如图 11-18 所示。

图11-17　图层去色　　　　　　　　图11-18　更改图层混合模式为【叠加】

（13）按照上述方法，选中"花朵"图层，载入选区，并在"水彩晕染效果"图层中添加矢量蒙版，如图 11-19 所示。

（14）将素材"水彩效果"打开，如图 11-20 所示。

图11-19　添加矢量蒙版　　　　　　　　图11-20　素材"水彩效果"

（15）拖动"水彩效果"至"画廊首页"文档，并调整位置和大小，如图 11-21 所示。

（16）在图层顶端新建图层"底色"，填充颜色#fff6e8 并修改其【图层混合模式】为
【正片叠底】，如图 11-22 所示。

图11-21　拖动"水彩效果"　　　　　　　　图11-22　新建图层"底色"

（17）打开"墨迹"文档，将墨迹文档拖动至"画廊首页"文档里。合并"墨迹"所有图层，并调整"墨迹"位置大小。将"水彩效果"和"墨迹"图层的透明度都调整为40%，如图11-23所示。

（18）使用【矩形选框工具】■■拖动出文案书写位置。在"花朵"下新建图层，在选框内填充颜色#fafdd1，并将新图层透明度调节为40%，如图11-24所示。

图11-23　将"墨迹"拖动到"画廊首页"　　　图11-24　制作文案区域

（19）创建"文字"组，放置图层顶端，开始编写文案信息。使用【横排文字工具】■在图像顶端中央输入字母"Elegant"，并设置为合适的字体，字体大小为"60"，选择字体颜色为#515151。输入导航文字，设置文本属性，如图11-25所示。

（20）选择【圆角矩形工具】■，在导航文字图层下方建立圆角矩形，把圆角矩形放置在"网站首页"下并调整其属性，修改导航文字"网站首页"的颜色为白色，如图11-26所示。

图11-25　输入导航文字

（21）使用【横排文字工具】■输入宣传语并设置文本属性，按照上述方法，选择【矩形工具】在宣传语图层下方绘制矩形。编写所有文案信息，如图11-27所示。

图11-26　添加圆角矩形

图11-27　编写文案信息

（22）在"文字"组上方新建图层，使用【矩形选框工具】■框选分割线，并填充合适的颜色，如图11-28所示。

（23）完成画廊首页基本制作，执行【文件】|【存储】命令，如图11-29所示。

图11-28　框选分割线

艺术类网站通过作品展示，来取得直观的宣传效果。仅首页空间是不能展示所有作品供浏览者欣赏的，还需要有内页来充分展示作品和提供信息，所以网站内页对于网站来说十分重要。

为了保证内页与首页风格一致，内页在制作时，首先要与首页的结构一致。网页结构是网页风格统一的重要手段，包括页面布局、文字排版、装饰性元素出现的位置、导航的统一、图片的位置等。

画廊网站根据内容分类制作出三个内页，如图11-30 所示。内页与首页风格和结构一样，只改变局部图像和信息。背景色的一致，能起到视觉流程统一的作用，给观众网上网下一致的感觉。文字方面遵循标准字的应用，注重图像尺寸及图像与图像之间的距离。

图11-29　保存文件

（a）　　　　　　　　　　（b）　　　　　　　　　　（c）

图11-30　艺术网站内页

11.2.2　动态内页制作

（1）打开"画廊首页"文档，执行【文件】|【另存为】命令，把文件另存为"画廊网站内页"文档，并删除宣传文案、最新动态等文字图层。将"网站首页"下的选择色块移动到"画廊动态"下，并修改文字信息，如图 11-31 所示。

（2）执行【文件】|【保存】命令，保存修改后的"画廊网站内页"。在图层顶端新建图层，并把所需文字介绍输入到合适位置，调整文案属性，如图 11-32 所示。

图11-31　复制色块

图11-32　输入文字并调整属性

（3）按照上述方法，选择【矩形工具】■，在文字图层下方绘制矩形，如图 11-33 所示。

（4）打开"美女"素材，将油画——拖动到"画廊网站内页"文档中，并逐个调整图像属性，如图 11-34 所示。

图11-33　绘制矩形形状　　　　　图11-34　拖动油画素材

（5）"画坛动态"内页制作完毕，执行【文件】|【另存为】命令，将其另存为"画坛动态"PSD 格式文件，如图 11-35 所示。

11.2.3　网站展示内页制作

（1）打开"画廊网站内页"文档。按照"画坛动态"的制作方法，输入所需文字，并粘贴所需图片素材，调整文字和图片属性，如图 11-36 所示。

图11-35　保存"画坛动态"PSD 格式文件　　　图11-36　制作"画廊展示"页

（2）执行【文件】|【另存为】命令，保存"画廊展示"文稿为 PSD 格式。

11.2.4　联系方式内页制作

（1）打开"画廊网站内页"文件，改变选择色块的位置，输入相应文字，调整文字属性，如图 11-37 所示。

（2）使用【矩形工具】■，按快捷键 U，在【姓名】右侧建立 H 为 25、W 为 300 像素的矩形框。双击【矩形】图层内的方框，更改矩形颜色为白色，如图 11-38 所示。

（3）双击"矩形"图层，在【图层样式】中双击【描边】。调节【大小】为 1 像素、颜色为#989898。单击【设置为默认值】，单击【确定】按钮，如图 11-39 所示。

◢ **图11-37** 输入文字

◢ **图11-38** 建立白色矩形框

（4）按照上述方法添加矩形，如图 11-40 所示。

◢ **图11-39** 为矩形添加描边效果

◢ **图11-40** 为文字添加矩形

（5）使用【椭圆工具】 ◯，在"加入我们"文字前添加 15 像素的正圆。复制"椭圆图层"，将椭圆放置在相应位置，如图 11-41 所示。

（6）执行【文件】|【另存为】命令，保存"联系方式"文档为 PSD 格式，如图 11-42 所示。

◢ **图11-41** 复制椭圆图层

◢ **图11-42** 保存"联系方式"文档

11.3 思考与练习

一、填空题

1. 艺术元素包括_____、_____、_____、

雕塑、建筑、音乐、舞蹈、戏剧、电影、曲艺等。

2. 综合艺术是_____艺术的总称。

3 艺术类网站可分为_____、_____、造型艺术、语言艺术、综合艺术。

二、选择题

1. 绘画艺术、雕塑艺术、服装艺术、摄影艺术都是传统的_____。

    A. 视觉艺术　　　　B. 艺术元素

    C. 综合艺术　　　　D. 语言艺术

2. 视觉艺术基本元素包括线条、形状、明暗、色彩、质感、_____。

    A. 设 计　　　　B. 电 影

    C. 雕 塑　　　　D. 空 间

三、简答题

简述你对艺术类网站的认识。

第 12 章

企业类网站设计

网站是企业向用户和网民提供信息的一种方式，是企业开展电子商务的基础设施和信息平台。许多公司都拥有自己的网站，他们利用网站来进行宣传、产品资讯发布、招聘等。与企业办公网实现无缝链接、具有信息发布、产品发布和管理功能等都是企业网站的基本功能。了解企业网站的基本功能，可以更好地进行企业类网站设计。

本章不仅介绍企业类网站在设计过程中应该遵循的原则，同时还涉及到网页设计中最常使用的色彩特征，并以一个数码产品企业网站的设计过程为实例进行介绍和讲解。

12.1 企业类网站设计应用

不同的企业网站建站的目的都是不同的，有的网站是想通过网站来宣传自己的品牌和形象，有的则是想来宣传和销售商品，有的则是向用户提供信息来获取浏览量。根据不同的建站目的，企业网站的设计风格也会有所不同。

12.1.1 明确创建网站的目的和用户需求

Web 站点的设计是展示企业形象、介绍产品和服务，体现企业发展战略的重要途径，因此必须明确设计站点的目的和用户需求，从而做出切实可行的设计计划。要根据消费者的需求、市场的状况、企业自身的情况等进行综合分析，牢记以"消费者"为中心，而不是以"美术"为中心进行设计规划。

在设计规划之初，同样要考虑建站的目的是什么、为谁提供服务、企业能提供什么样的产品和服务、消费者和受众的特点的是什么、企业产品和服务适合什么样的表现方式等。如图 12-1 所示为以展示商品为主的企业网站。

12.1.2　总体设计方案主题鲜明

明确建站目的后，在这个建站目的的基础上，要对网站的色彩、文字搭配、图片、排版等进行整体的设计和调配，所有的这些因素都要紧紧围绕着建站目的而进行。同时也要考虑到服务对象的不同对其进行调整和布置。如图 12-2 所示为以图像为主的网站。

图 12-1　以展示商品为主的企业网站　　　图 12-2　图像为主的网站

建站的同时要考虑到网站设计元素的合理选择，有些网站只提供简洁的文本信息，有些则采用了多媒体表现手法，提供华丽的图像、闪烁的灯光、复杂的页面布置，甚至可以下载声音和录像片段。选择不同的元素进行设计和规划，最终都是围绕着建站目的而进行的。

12.1.3　网站的版式设计

网页的排版设计就是将有限的视觉元素进行有机的排列组合，将表现元素合理、个性化地表现出来，使整体版面给浏览者带来感官上的美感。网页设计作为一种视觉语言应讲究编排和布局。同时网站版面设计和平面设计都有着相似之处，可以将平面设计的原则和技巧应用在网页版面设计之中，充分加以利用和借鉴。版式设计通过文字图形的空间组合，表达出和谐与美观。一个优秀的网页设计者也会懂得文字图形落于何处，才能使整个网页生辉，如图 12-3 所示。

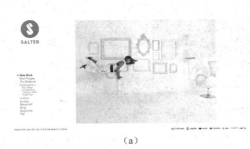

(a)　　　　　　　　　　　　(b)

图 12-3　不同网站中的版式

多页面站点的编排设计要求页面之间要有机联系，特别要处理好页面之间和页面内秩序与内容的关系。为了达到最佳的视觉表现效果，还需要讲究整体布局的合理性，使浏览者有流畅的视觉体验，如图12-4所示。

（a）

（b）

图12-4　同网站内的不同版式

12.1.4　色彩在网页设计中的应用

　　色彩在网页设计中扮演着重要的角色，是吸引浏览者是否关注网站的关键因素，不同色彩间的不同组合会使网页产生不同的艺术效果，要根据和谐、均衡和重点突出的原则，合理地将色彩进行组合，搭配出符合网站风格和整体性的色彩方案。如果有CIS（企业形象识别系统），应该按照其中的VI进行色彩运用，如图12-5所示。

12.1.5　多媒体功能的应用

　　声音、动画和影视等多媒体已经广泛地应用在网页之中，这些多媒体以多样化的表现形式区别于传统的文字形式，能够增加网页元素的多样性和丰富性，如图12-6所示。但是要注意，由于网络带宽的限制，在使用多媒体的形式表现网页的内容时，应该考虑其客户端的传输速度。

图12-5　Logo与网站色彩的统一

图12-6　网站中Banner的动画效果

12.1.6 内容更新与沟通

　　创建企业网站后，还需要不断更新其内容。站点信息的不断更新，可以让浏览者了解企业的发展动态，同时也会帮助企业建立良好的形象。在企业的 Web 站点中，要认真回复用户的电子邮件、信件、电话垂询和传真等，做到有问必答，最好将用户的用意进行分类，如售前产品概括的了解、售后服务等，并将其交由相关部门处理。这样不仅能增强公司的处事效率，还能方便用户，让用户对企业产生信赖。

12.2 手机网站设计

　　不管网站的内容多么精彩，如果它们很难访问，用户照样会离开，易用性不仅仅牵扯到技术，更多的是良好的 Web 创作习惯，特别对企业类的网站而言更是如此。企业网站是商家用来宣传的最新方式之一，无论是展示企业的何种方面，均需要设计出新颖的网页界面。

　　这里设计的是瀚方手机网站首页，如图 12-7 所示。在设计过程中，网站的 Logo、网站的整体色调、网页的 Banner 甚至页面中的细节部分，都需要认真考虑。瀚方首页网站中的整体色调，是根据网站 Logo 的颜色制定的。为了突出网站所要展示的内容，从装饰 Banner 图像，到主题内容的展示，均采用了该品牌的手机。

　　在制作过程中，首先要制作该网站的 Logo 图像，然后根据其中的色调，设置同色系的色彩作为该网站首页中 Banner 图像以及文字的颜色。最后搭配无色系中的深灰、中灰以及白色，将这些颜色融为整体即可。

12.2.1 首页设计

　　（1）按快捷键 Ctrl＋N，新建一个 1000×750 像素、白色背景的文档。按快捷键 Ctrl＋R 打开标尺，分别在不同的高度拉出横向辅助线。如图 12-8 所示为创建的空白文档。

图 12-7　瀚方手机网站首页效果图

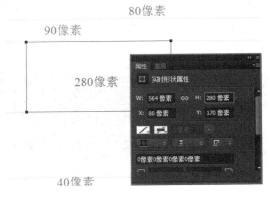

图 12-8　创建空白文档

为了精确创建辅助线，可以设置【矩形选框工具】■■【固定大小】中的高度参数。从而根据建立的矩形选区，建立辅助线。

（2）在"背景"图层中填充深灰色后，新建图层。使用【矩形选框工具】■■，在高度为 90 像素的辅助线中建立矩形选区，并且由上至下填充白色到淡橙色渐变，在没有标注高度的辅助线之间由上至下填充浅灰色渐变，在高度为 280 像素的辅助线中填充蓝色径向渐变,如图 12-9 所示。

（3）在【图层】面板中，调整图层上下顺序后，为每个图层建立图层组，并且设置图层组名称，如图 12-10 所示。

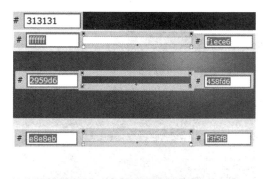

图12-9　建立径向渐变矩形

图12-10　调整与管理图层

（4）在"主题背景"图层组中新建图层。使用【单行选框工具】■■，在灰色渐变上边缘单击，并且填充白色。复制该图层后，将其移至灰色渐变下边缘，如图 12-11 所示。

网页图像的制作必须是非常精确与细致的，这里为其添加的 1 像素白色横线，能够呈现边缘突起的效果。

（5）在"白色导航背景"图层组中新建图层。在画布左上角区域建立一个 330×160 像素的矩形选区，并且填充颜色#f6f3ee，如图 12-12 所示。

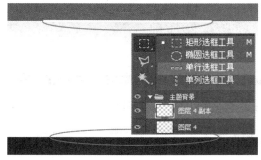

图12-11　建立 1 像素白色横线

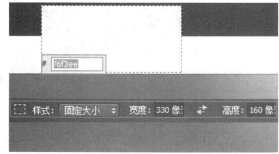

图12-12　建立单色矩形

（6）继续利用该选区进行 1 像素灰色描边后，在当前图层下方新建图层。在该选区中填充颜色#c3c3c3，并且执行 2 像素的【高斯模糊】滤镜命令，选择【橡皮擦工具】，设置柔化笔触。删除单色矩形下方图像后，在投影图像的上下边缘区域进行涂抹，将其删除，如图 12-13 所示。

（7）新建"按钮 1"图层组，并且新建图层。选择【圆角矩形工具】，在工具选项栏中设置参数，建立圆角矩形路径后，将其转换为选区，并填充深灰色渐变，如图 12-14 所示。

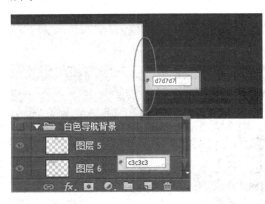

图 12-13　制作矩形

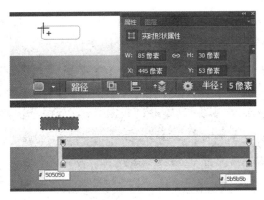

图 12-14　制作按钮背景

（8）保持选区不变，新建图层。进行 1 像素内部灰色描边后，使用【矩形选框工具】，将上方圆角下方的描边删除，如图 12-15 所示。

（9）调整"按钮 1"图层组的上下位置，并且将该组中的图像放置在白色导航背景的上边缘，使其隐藏下方圆角图像。至此，网站首页的基本布局制作完成，效果如图 12-16 所示。

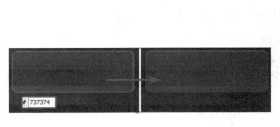

图 12-15　制作按钮高光边缘

图 12-16　首页布局效果

（10）打开网站 Logo 所在的文档，在【图层】面板中右击 Logo 图层组，执行【复制组】命令。在弹出的【复制组】对话框中，设置【文档】选项为 HF.psd，将其复制到网页文档中，如图 12-17 所示。

（11）选中"按钮 1"图层组，使用【横排文字工具】输入文字"网站首页"，并且设置文本属性，复制文本图层后更改文本颜色为黑色。然后双击按钮背景所在图层，为其添加"白色"颜色叠加样式，效果如图 12-18 所示。

图 12-17 复制 Logo 图层组

图 12-18 制作按钮其他显示效果

（12）复制"按钮 1"图层组为"按钮 2"，水平向右移动按钮图像。然后更改文本为"公司简介"，在"按钮 2"图层中，隐藏黑色文字所在图层后，隐藏【颜色叠加】图层样式，得到绘制按钮效果，如图 12-19 所示。

技 巧

复制图层组后，水平向右移动按钮图像与左侧相接后，按住 Shift 键，连续按两次右方向键，使两个按钮之间间隔 20px。

（13）通过复制"按钮 2"图层组，分别制作"手机展示"、"手机配件"和"特价商品"按钮，效果如图 12-20 所示。

图 12-19 隐藏图层与图层样式

图 12-20 制作其他按钮

（14）双击"白色导航背景"图层组中的"图层 1"，启用【投影】选项后，设置其中的参数，如图 12-21 所示。

（15）打开素材"手机 00.psd"，使用【钢笔工具】将手机提取后，将其放置在首页文档中的 Banner 图层组中，并且进行成比例缩小。显示手机选区后，创建"色相/饱和度 1"调整图层，增加【饱和度】参数值后，创建"曲线 1"调整图层，调

图 12-21 添加投影样式

整曲线如图 12-22 所示。

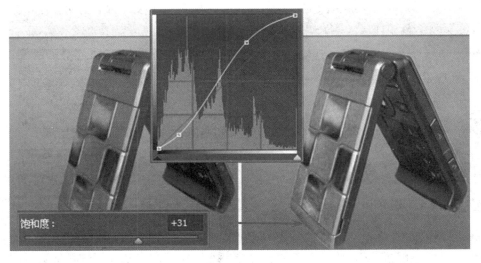

图12-22 调整手机光泽度

（16）为手机所在图层添加【投影】样式后，右击该图层样式，执行【创建图层】命令，得到相关图层的样式图层，按 Ctrl＋T 快捷键进行自由变换，得到阴影效果，如图 12-23 所示。

（17）使用【横排文字工具】T，分别输入颜色、字体相同，字号不同的文本。并且为上方文字添加【投影】样式，其参数设置与白色导航背景相同，在"白色导航背景"图层组中，输入白色字母并设置属性后，为其添加【内阴影】图层样式，如图 12-24 所示。

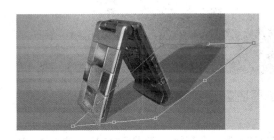

图12-23 自由变换投影图像

图12-24 输入并设置文本

（18）打开素材"手机 01.psd"，在【通道】面板中选择对比强烈的通道复制。通过【色阶】命令与【画笔工具】，调整通道图像为黑白图像。载入该通道选区后，提取手机图像，如图 12-25 所示。

（19）在所有图层上方创建"产品展示"图层组，将手机图像导入该图层组中。按快捷键 Ctrl＋T，成比例缩小图像，新建图层，建立 1 像素灰色纵向细线后，新建图层，并且在该细线左侧使用【画笔工具】，进行浅灰色涂抹，得到阴影效果，如图 12-26 所示。

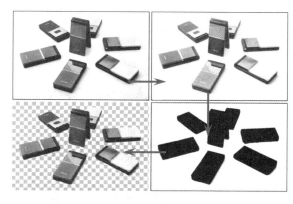

图12-25 提取手机图像

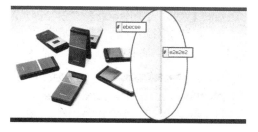

图12-26 制作带阴影的竖线

（20）打开素材"手机 02.psd"，通过【魔棒工具】提取手机图像。将其拖入"产品展示"图层组后，成比例缩小该图像，按快捷键 Ctrl＋J 复制图层后，以图像底部为中心垂直翻转图像。然后添加图层蒙版，隐藏局部图像后，降低该图层的【不透明度】为 70%，如图 12-27 所示。

（21）在倒影下方输入手机型号文本，并设置文本属性后，按照相同的方法，添加其他手机图像，最后在画布底部输入网站版权信息文字，并且设置文本属性，如图 12-28 所示。

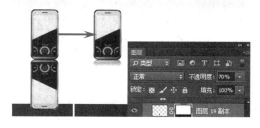

图12-27 制作手机倒影

图12-28 输入版权信息

网站首页的制作，虽然确定了网站中的色调、布局、展示功能、栏目、标志等方面内容，但是也只是完成网站制作的一部分。整个网站是由首页和多个内页组合而成的，为了更加全面地展示企业的各个方面，网站内页的制作尤为重要。

网站内页是在网站首页的基础上加以改变，得到风格相同、局部略有不同的界面，并且在其中按照分类，详细地展示企业的各个方面，如图 12-29 所示。这里按照手机企业特有的内容，分别制作了"公司简介"、"手机展示""手机配件"和"特价商品"4 个大方面的网站内页图像效果。当然也可以按照制作好的内页效果，制作更加细致的网站内页。

由于是在网站首页基础上制作网站内页效果的，所以可以通过修改网站首页图像得到网站内页的布局效果。然后在相同的布局中添加不同的企业主题信息，从而得到不同的网站内页效果。在制作过程中，网页中的文字要尽量用网页标准用字来设置，并且在插入图像时，要注意图像与文字之间、图像与图像之间的距离。

12.2.2 内页布局设计

（1）复制网站首页文档，删除"产品展示"图层组后，删除 Banner 图层组中背景和标识语以外的所有图层，得到网站内页基本布局，如图 12-30 所示。

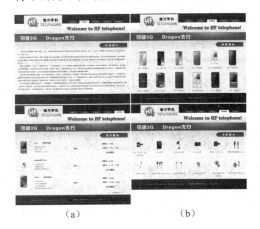

（a）　　　　　　（b）

📷 图12-29 瀚方手机网站内页效果　　　📷 图12-30 复制文档并删除图层组

（2）选中 Banner 背景图像，按快捷键 Ctrl＋T，将高度缩小至 70 像素。然后删除文字的图层样式，并且设置文字为通行，如图 12-31 所示。

（3）按快捷键 Ctrl+Alt＋C，打开【画布大小】对话框。向下扩展画布尺寸为 800 像素，并且填充相同的背景颜色，将"主题背景"图层组中的图像，垂直向上移动至 Banner 背景下边缘。然后使用【矩形选框工具】▣选中渐变背景中的单色区域，按快捷键 Ctrl+T 向下拉伸，如图 12-32 所示。

技 巧

在【画布大小】对话框中，如果设置【画布扩展颜色】为原背景颜色，那么就无需重新填充背景颜色。

📷 图12-31 更改 Banner 背景与文字　　　📷 图12-32 改变渐变背景单色区域尺寸

（4）调整版权信息文字的上下显示位置后，在所有图层上方新建"主题标识"图层组。使用【钢笔工具】✍绘制圆角箭头路径后，转换为选区。填充深蓝色渐变颜色，为该图层添加深蓝色 1 像素描边样式后，使用菜单按钮中高光的制作方法，制作该图像的高光线，使用【横排文字工具】Ⅲ在蓝色渐变区域输入栏目名称文字"手机展示"，并且设置文本属性，如图 12-33 所示，完成内页布局的制作。

12.2.3　网站文字信息页设计

（1）复制文档内页布局设计，隐藏"按钮 1"图层组中的白色颜色叠加样式和白色文字，显示黑色文字。然后在"按钮 2"图层组中进行反操作，选中"主题标识"图层组中的文字图层，更改文字，使其与菜单按钮文字相符合，如图 12-34 所示。

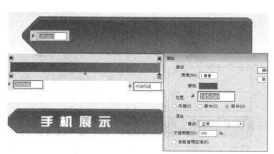

图12-33　输入并设置文本　　　　　　　　图12-34　更改主题标识文字

（2）选择【横排文字工具】Ⅲ，在主题背景区域中单击并且拖动鼠标，建立文本框，将公司简介文本信息复制到其中，得到段落文本。在【字符】面板中设置段落文本属性如图 12-35 所示，完全显示文本信息。至此，完成"公司简介"网页的制作。

12.2.4　网站图像展示页设计

（1）复制文档内页布局设计，分别更改"按钮 1"和"按钮 3"图层组中的按钮颜色与文字颜色，得到如图 12-36 所示的效果。

图12-35　输入并设置段落文本

图12-36　复制网页文档

（2）由上至下，在高度为 320 像素的位置拉出辅助线后，在所有图层上方新建"产品展示 1"图层组，打开素材 CP01.jpg，并且将其拖入网页文档中。使用【魔棒工具】✦选中背景区域，填充主题背景的单色，形成同背景的图像，如图 12-37 所示。

提 示

为了方便后期网页的制作，这里在网页中添加的图像与文字，均放置在单色背景区域中。

（3）按快捷键 Ctrl＋T，进行成比例缩小后，在其下方输入该手机的型号与颜色文字，并且设置文本属性。使用上述方法，分别在同行中放置其他手机图像，并且在其下方输入相关的文字信息，如图 12-38 所示。

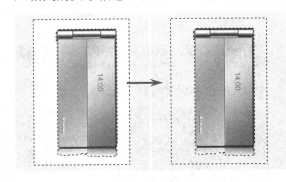

图12-37　改变图像背景颜色

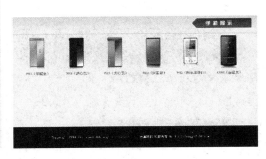

图12-38　添加其他手机图像与文字

（4）分别设置前景色为#E5E6D8、背景色为#FFFFFF。新建图层后，使用【单行选框工具】在文字下方单击填充前景色后，垂直向下移动 1px，并填充背景色，得到具有凹陷效果的横线，如图 12-39 所示。

（5）新建"产品展示 2"图层组，使用上述方法，添加其他的手机图像与相关的文字信息，如图 12-40 所示，完成该网页的制作。

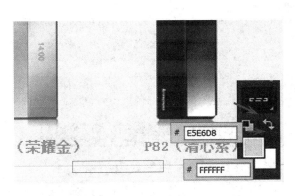

图12-39　绘制凹陷横线

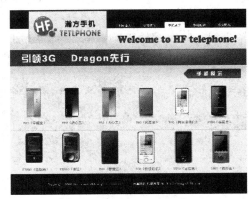

图12-40　添加产品图像

（6）复制文档内页布局设计，更改按钮效果。使用"手机展示"网页的制作方法，制作"手机配件"、"特价商品"网页，如图 12-41 所示。

（a）"手机配件"网页

（b）"特价商品"网页

图12-41 "手机配件"和"特价商品"网页

12.3 思考与练习

一、填空题

1．Web 站点的设计是_____。

2．在制作过程中，首先要制作网站的_____，然后根据其中的色调，设置同色系的色彩作为该网站首页中 Banner 图像以及文字的颜色。

3．网站是由____和多个____组合而成的。

二、选择题

1．网站内页是在_____的基础上加以改变，得到风格相同、局部略有不同的界面。

    A．网站首页   B．Web 站点

    C．综合艺术   D．Banner 图像

2．在制作过程中，网页中的文字要尽量遵循_____来设置。

    A．基础   B．设计

    C．网页标准用字   D．图像

三、练习

绘制手机配件和特价商品网页

本练习为"手机配件"和"特价商品"网页，首先利用复制文档内页布局设计，更改按钮效果。接着使用【横排文字工具】、【画笔工具】、【画布大小】等工具，重新输入主题文字，拖入图像

素材，设置文本属性。根据"手机展示"网页的制作方法，制作"手机配件"、"特价商品"网页，如图 12-42 所示。

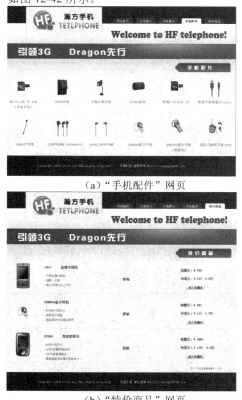

（a）"手机配件"网页

（b）"特价商品"网页

图12-42 "手机配件"和"特价商品"网页

第 13 章

餐饮类网站设计

衣食住行是人类生活的基本需要，其中食品更是重中之重。饮食文化伴随人类而发展，现今更趋向多样化，逐渐成为备受人们关注和追求的一个文化种类。而在信息迅速发展的现代社会，网络成为传播饮食文化的重要载体，通过网页的形式发掘它的文化内涵、品牌特色，进一步让用户对产品产生了解、认同和共鸣，从而达到宣传商品及其文化特色的目的，提高品牌的整体形象和知名度。

本章中将对饮食网站的情况进行分类介绍，并以一家美食城作为案例，设计出一整套餐饮网站效果图。

13.1　餐饮类网站类别

现今网络成为传播饮食文化的重要载体，网络上的各种美食网站种类繁多，让用户眼花缭乱，但从大体上来说，还是分为两类的：一类已销售为目的，一类以服务性为目的，因此可根据餐饮企业的功能和销售的内容，来设计网站风格。

13.1.1　餐饮门户网站

餐饮门户网站是联系消费者和餐饮企业关系的一个桥梁，其中囊括的大量餐饮娱乐信息，更加方便了消费者的生活，同时也极大地加强了餐饮企业的知名度和形象感。根据网站主题的不同，餐饮门户网站可分为地域性餐饮网站、健康餐饮网站、餐饮制作网站和综合性餐饮网站。

1．地域性餐饮网站

餐饮网站也有地域之分，每一个地方的用户都有自己特有的饮食习惯和风土人情，城市中的大量人口根据就近性原则，也需要地域性网站的存在，满足顾客的不同饮食选择，如图 13-1 所示。

2. 健康餐饮网站

健康餐饮网站是围绕着健康这个主题进行信息发布的网络平台，致力于为用户提供各种饮食健康、养生长寿、疾病防治等保健常识，以及健康饮食和生活新闻和活动信息，如图 13-2 所示。

图 13-1　山东美食网　　　　图 13-2　健康饮食网站

3. 餐饮制作网站

餐饮制作网站都是以向用户展示美食的制作方法为主题的网站，属于服务类型的网站，这种网站包含各式受欢迎的菜品的制作手法、技巧，方便美食制作人群的学习和交流。如图 13-3 所示的网站就是平常见到的餐饮制作网站。

4. 综合性餐饮网站

综合性餐饮网站不仅向用户提供饮食的相关信息，同时也会介绍和美食相关的制作技巧、方法及其所涉及到的周边文化，在享受轻松订餐带来的实惠的同时，也能感受文化气息的熏陶，这种类型的网站给用户提供综合性的服务，如图 13-4 所示的网站。

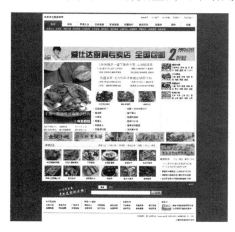

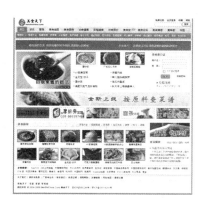

图 13-3　餐饮制作网站　　　　图 13-4　美食网站

13.1.2 餐饮企业网站

在饮食文化和风味快速变化的现代社会中，餐饮企业要想脱颖而出，就必须要在设计中突出自己的特色、把握自己的定位、做到吸引消费者的目光，这才能使产品更好地得到推广和宣传。

1. 中式餐饮网站

中式餐饮网站的主打品牌就是各种中式餐点，符合中国人的饮食习惯，且面对的消费群体也是以中国人为主，所以网站在色彩搭配和版面布局方面要符合中式的审美习惯，适合加入传统的中国元素，塑造一种家的感觉，给消费者创造一种温馨感，如图 13-5 所示。

2. 西式餐饮网站

西餐这个词是由于它特定的地理位置所决定的。人们通常所说的西餐主要包括西欧国家的饮食菜肴，当然同时还包括东欧各国，地中海沿岸等国和一些拉丁美洲如墨西哥等国的菜肴。根据不同国家的风情不同，网页设计风格也会有所不同，例如西餐网站如图 13-6 所示。

图 13-5　中式餐饮网站　　　　　　图 13-6　西式餐饮网站

3. 糕点餐饮网站

糕点的种类也是多种多样的，如果按照工艺分，可以分为酥皮类、浆皮类、混糖皮类、饼干类、酥类、蛋糕类、油炸类等各个样式；如果按照地区分类，又可以分为京式糕点、苏式糕点、广式糕点、扬式糕点、闽式糕点、潮式糕点、宁绍式糕点、川式糕点等；另外还有西式糕点，诸如奶油蛋糕等，多以外观精美、口味香甜各异，受到大众的喜爱。此类网站在设计上也多根据食物特色进行规划，如图 13-7 所示。

4. 冰点餐饮网站

冰点饮食主要包括饮料、雪花酪和冰激凌等，网站的设计在风格上一般清爽、淡雅。如图 13-8 所示为冰点餐饮网站。

图 13-7　糕点餐饮网站　　　　　　　图 13-8　冰点餐饮网站

13.2　网站首页制作

　　餐饮类网站的设计应符合顾客的审美观点，为顾客营造一种宾至如归的感觉。其中网页的主题风格应与网站经营的餐饮产品相匹配。

　　在设计餐饮类网站时，可以采用的颜色包括粉红色、紫色、金黄色和橘黄色等。粉红色体现出可爱、纯洁和美味的网页内涵，通常用于各种果品点心、儿童食品网站等；紫色象征雍容华贵，通常用于各种高档西餐馆和高档饭店；金黄色可以体现出网页浓郁的中国风情，通常用于各种与中国文化有关的网站，例如中餐馆等；橘黄色表示美味、甜美，通常用于各种饮料生产企业的网页。本章的实例采用金黄色为主色调，辅以褐色等颜色，以突出中餐馆的特点。

　　除了使用金黄色等中国文化特色的色调以外，在设计网站的首页时，还采用了回纹花纹、古典建筑风格的窗格、画卷卷轴等与中国文化相关的图形图像元素，以及大量中餐菜肴的照片，以突出网页的中国特征，如图 13-9 所示。

13.2.1　网站标志设计

　　（1）在 Photoshop CC 中执行【文件】|【新建】命令，新建空白文档，如图 13-10 所示。

图 13-9　餐饮网站首页　　　　　　　图 13-10　新建文件

（2）在文档中新建"背景"组，使用【渐变工具】为图像添加背景颜色，如图 13-11 所示。

（3）导入"背景纹理"素材图像，拖入"背景"文件夹中，放置在"背景"图层上方作为纸张纹理，并将其【图层混合模式】修改为【叠加】，并导入"背景花边"素材，导入到"背景纹理"图层上方，修改其【图层混合模式】为【正片叠底】，如图 13-12 所示。

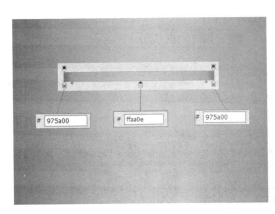
图13-11 添加背景颜色

图13-12 添加背景花边

（4）新建"标识"图层组，导入名为"logoBG.psd"的素材文件，设置其中素材图像的位置，如图 13-13 所示。

（5）选中【直排文字工具】，在【字符】面板中设置文字的属性，然后输入网站的名称，如图 13-14 所示。

图13-13 导入标识素材

图13-14 输入网站名称

（6）将光标放在"亦"字之后并按回车键，然后调整"江南"两字的文本属性，并调整"亦江南"的位置，如图 13-15 所示。

（7）选中"亦江南"图层，右击执行【混合模式】命令，并添加【投影】样式，选择【外发光】和【内发光】等列表选项，如图 13-16 所示。

图13-15　调整文本属性

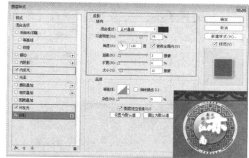

图13-16　添加图层样式2

（8）选择【图层样式】，对"亦江南"添加【渐变叠加】样式，然后选择【描边】的列表项目，为"亦江南"文本添加2px的黑色外部描边，完成该图层的样式设置，如图13-17所示。

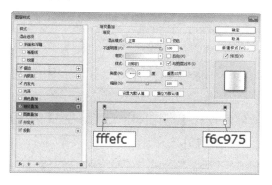

图13-17　添加【渐变叠加】样式

13.2.2　网页导航与 Banner 制作

（1）在导航文档中新建"导航条"图层组，然后打开"navigatorBG.psd"素材文档，将文档中的墨迹图像导入到网页文档中，如图13-18所示。

（2）右击导入的素材图层，执行【混合选项】命令，打开【图层样式】对话框，在左侧选择【投影】列表项目，然后设置【投影】属性，如图13-19所示。

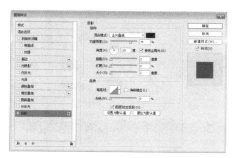

图13-18　导入墨迹图像

图13-19　设置【投影】属性

（3）选择【横排文字工具】，在【字符】面板中设置文字属性，然后输入导航条的文本即可完成导航条的绘制，如图 13-20 所示。

（4）选择【圆角矩形工具】，在导航文字下绘制选择框，并调整其属性，并修改导航文字"首页"的字体颜色，如图 13-21 所示。

图 13-20　在导航条中输入文字

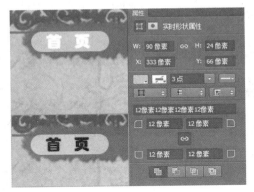

图 13-21　绘制选择框并修改文字颜色

（5）导入文档"delicacies.psd"和"smoke.psd"，调整文档位置和大小，如图 13-22 所示。

（6）在网页文档中新建"企业语"图层组，然后选择【横排文字工具】，在【字符】面板中设置文本的样式，然后输入企业宣传口号，如图 13-23 所示。

图 13-22　导入文档并调整位置和大小

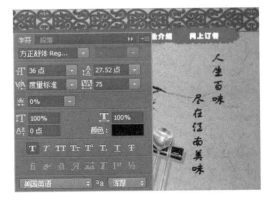

图 13-23　输入企业宣传口号

（7）选中企业宣传口号所在图层，在【图层】面板中右击图层名称，执行【混合选项】命令，然后在弹出的【图层样式】对话框中选择【外发光】列表项目，设置外发光属性，完成 Banner 制作，如图 13-24 所示。

13.2.3　网页内容和版尾制作

（1）在网页文档中新建"画布"图层组，然后打开"sroll.psd"素材文档，将其中的两个图层导入到网页文档中，并移动其位置，如图 13-25 所示。

图13-24 为宣传口号添加【外发光】样式　　图13-25 新建"画布"

（2）导入"内容 1.psd"文档，调整文档位置，如图 13-26 所示。

（3）在网页文档中建立"版权声明"图层组，选择【横排文字工具】，在【字符】面板中设置字体样式，输入版权信息的内容，如图 13-27 所示，首页就制作完成了。

图13-26 导入"内容 1"　　图13-27 输入版权信息内容

13.3　企业理念页与网上订餐页制作

　　"企业理念"网页和"网上订餐"网页是由文本内容和表单内容组成的网站子页，如图 13-28 所示。在设计这些子页时，可以使用首页中已使用过的一些网页图像元素，以及各种通用的版块内容，包括 Logo、导航条和版尾等。除此之外，还需要为子页设计统一的子页导航条和投票等栏目，以使网页内容更加丰富。

　　子页导航是网站的二级菜单导航列表，其作用是为用户提供网站具体栏目的导航。投票栏目的作用是不定期地提供一些问题项目，供用户选择，使网站的设计者根据用户的意见改进工作，提供更加丰富的内容，同时提高服务水平。子页导航的具体制作过程如下。

（a）企业理念

（b）网上订餐

图 13-28 "企业理念"网页和"网上订餐"网页

13.3.1 子页导航与投票制作

（1）新建名为"concept.psd"的文档，设置画布大小为1003×1270 像素，然后使用和主页相同的方式制作页面的背景，如图 13-29 所示。

（2）打开"网站首页.psd"文档，从其中导入网页的 Logo、导航条和版尾等栏目，并修改选择色块位置和字体颜色，如图13-30 所示。

图 13-29 页面背景

（3）导入"star.psd"素材文档中的图像，制作子页的 Banner，如图 13-31 所示。

图 13-30 修改选择色块

图 13-31 导入图像

（4）从"美食网站网页设计.psd"文档中导入名为"企业语"的图层组，然后设置其中文本大小等属性，使其与子页 Banner 相匹配，如图 13-32 所示。

（5）新建名为"组 4"的图层组，并在该图层组中新建"组 4-1"组，导入"subNavBG.psd"素材图像作为子导航条的背景，如图 13-33 所示。

图13-32 导入"企业语"图层组　　　图13-33 导入素材图像

（6）在导航条背景的图层上方输入"企业介绍"文本，然后在【字符】面板中设置文本样式，如图 13-34 所示。

（7）打开"subNavline.psd"素材文档，将其中的彩色线条导入到网页文档中，如图 13-35 所示。

图13-34 设置文本样式　　　图13-35 导入彩色线条

（8）输入子导航条的内容，然后通过【字符】面板设置文本样式，如图 13-36 所示。

（9）打开"subNavHover.psd"素材文档，将其中的墨迹图层导入到网页文档中，作为鼠标滑过菜单的特效，完成子导航的制作，如图 13-37 所示。

图13-36 输入子导航条的内容　　　图13-37 导入墨迹图层

（10）在"组 4"图层组中新建"组 4-2"图层组，然后打开"subVoteBG.psd"素材文档，将其中的图形导入到网页文档中。将图形放置在子导航栏下方，作为投票栏目的背景，如图 13-38 所示。

（11）在投票栏目背景上绘制一个箭头，然后再输入投票内容文本，并设置其样式，如图 13-39 所示。

图13-38 导入投票栏目背景 　　　　　　 图13-39 输入投票内容文本

（12）使用【椭圆工具】在投票项目左侧绘制 4 个圆形形状，并分别将其转换成为位图，作为表单的单选按钮，如图 13-40 所示。

（13）使用【圆角矩形】工具，在投票项目下方绘制两个灰色（#000000）的圆角矩形作为按钮的背景，在两个黑色圆角矩形的上方绘制两个较小一点的白色圆角矩形，完成按钮绘制，如图 13-41 所示。

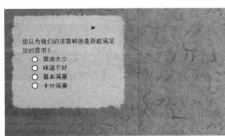

图13-40 绘制单选按钮 　　　　　　 图13-41 按钮绘制

（14）输入按钮的标签文本，然后在【字符】面板中设置文本样式，如图 13-42 所示。

（15）打开"titleBar.psd"素材文档，导入素材图像作为投票栏目的标题背景。然后输入标题文本，设置标题文本样式，完成"投票栏目"的制作。如图 13-43 所示。

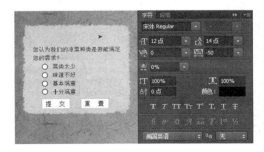
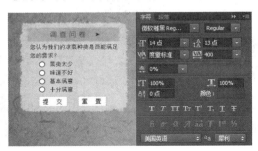

图13-42 输入按钮文本 　　　　　　 图13-43 投票标题的制作

13.3.2 企业理念页制作

在之前的章节中，已经制作了网站子页中的各种版块内容。本节将根据已制作的版块内容设计"企业理念"网页，对餐饮网站进行简要的介绍。

（1）新建名为"组 3"的图层组，然后导入"subContentBG.psd"素材文档中的图形，作为网页主题内容的背景，如图 13-44 所示。

（2）在"组 3"中新建"组 3-1"图层组，然后导入"subPageTitle.psd"素材文档中的图标，作为主题内容标题的图标，然后输入标题，设置标题样式，如图 13-45 所示。

图13-44 导入网页主题内容背景

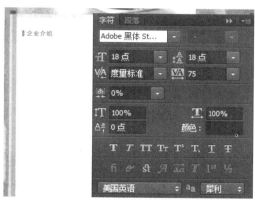

图13-45 制作主题内容标题

（3）用同样的方法导入"subTitle2BG.psd"素材文件中的图形，作为二级标题的背景，然后输入二级标题的文本，并设置其样式，如图 13-46 所示。

（4）最后输入企业理念的文本内容，并分别设置其中各种标题和段落的样式，将"导航条修饰"图层组拖动到"背景"之上，即可完成"企业理念"网页的制作，如图 13-47 所示。

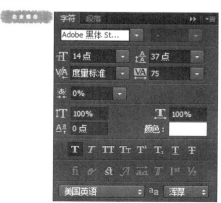

图13-46 制作二级标题

图13-47 "企业理念"网页的制作

13.3.3 订餐表单制作

"网上订餐"表单网页主要由文本说明、各种输入文本域以及单选按钮和提交按钮组成。通过订餐表单，餐饮网站可以获得用户的需求信息，并根据这些需求为用户提供服务。订餐表单网页的最终效果如图 13-48 所示。

13.4 饮食内容与特色佳肴页制作

"饮食文化"网页和"特色佳肴"网页与之前设计的两个网站子页相比，更突出地通过图像内容吸引用户的关注，通过大量精美的菜肴照片，提高用户对餐厅的兴趣，吸引用户前来就餐。

"饮食文化"子页的作用是介绍与餐饮网站相关的各种名菜，通过这些描述，来展示中餐的文化底蕴和餐馆精湛的烹饪技术。制作饮食文化子页时，可以使用之前制作的子页中各种重复的栏目，以提高网页设计的效率，如图 13-49 所示。

图 13-48 "网上订餐"网页的最终效果 图 13-49 制作"饮食文化"子页

"饮食文化"子页的制作，可以借鉴"企业理论"的制作，使用"企业理论"的文件，只需要稍作改动及添加饮食文化内容即可。在这里就不叙述详细过程了。

"特色佳肴"子页的作用是介绍餐饮企业提供给用户的各种菜肴类型，吸引用户前来就餐。同时，"特色佳肴"子页还可以介绍餐馆的价位、形象等信息，从而帮助用户了解餐饮类企业的经营特色，如图 13-50 所示。

图13-50 设计"特色佳肴"子页

"特色佳肴"子页的制作，就如"饮食文化"的制作一样，借鉴"企业理论"的制作，使用"企业理论"的文件，稍作改动及添加特色佳肴的内容。在这里就不叙述详细过程了。

13.5 思考与练习

一、填空题

1．网络上的各种美食网站种类繁多，让用户眼花缭乱，但从大体上来说，还是分为两类的：一类以_____为目的，一类以_____为目的。

2．根据网站主题的不同，餐饮门户网站可分为 _____、_____、_____和_____。

3．餐饮制作网站都是以_____ 网站，属于服务类型的网站。

二、选择题

1．下列选项中，_____是服务类型的网站。

　　A．餐饮制作网站　　B．服装制作网站

　　C．文艺鉴赏网站　　D．军事网站

2．在设计餐饮类网站时，可以采用的颜色不包括_____ 。

　　A．红色　　　　　　B．紫色

　　C．橘黄色　　　　　D．深灰

三、练习

绘制美食网页

本练习围绕美食方面的网站，结合案例，制作一个简单完整的美食网页，网页的效果图如图13-51所示。

图13-51 美食网页

第 14 章

购物类网站设计

随着网络的普及，现实购物已不能满足客户的需求，网上购物开始高速发展并逐渐完善起来，人们通过各种购物网站来选购商品。而随着竞争加剧，商家对购物网站的投资也越大，要获得消费者的青睐，网站设计的精美程度和个性特色化元素便是其关键因素。

本章讲述了购物网站的主要类型以及网站配色所遵循的规则，并通过一个购物类网站的设计实例来完整地向读者展示其制作过程。

14.1 购物类网站类别

购物类网站就是商家通过网络作为媒介，在客户、商品和商家之间形成交流和沟通的一种渠道和方式，消费者可以直接通过网络购买自己需要的商品、享受自己需要的服务，方便而又快捷。

14.1.1 按商品活动类型分类

现代类型的购物网站可以有多种划分，根据商家和消费者类型的不同，可以将其划分为商家对商家（B2B）、商家对消费者（B2C）、消费者对消费者（C2C）三种。

1. B2B

B2B（Business-to-Business）指的是商家对商家，双方透过电子商务的方式进行交易。通过此方式实现企业与企业之间产品、服务及信息的交换，代表性网站阿里巴巴是全球领先的 B2B 电子商务网上贸易平台，如图 14-1 所示。

2. B2C

B2C（Business-to-Consumer）型的电子商务网站是商家对消费者，它的付款方式是货到付款与网上支付相结合，网站直接面向消费者进行商品的销售和售后服务，可以提供给消费者一站式购物服务，购物环节出现问题也可以直接反馈给商家解决。实行 B2C 经营模式具有代表性的网站有天猫等，如图 14-2 所示。

图 14-1 阿里巴巴中文网站

图 14-2 天猫网

3．C2C

C2C（Consumer-to-Consumer）即消费者与消费者之间的电子商务，是现代电子商务的一种。C2C 网站就是 C2C 网站为买卖双方交易提供的互联网平台，卖家可以在网站上登出其想出售商品的信息，买家可以从中选择并购买自己需要的物品。C2C 发展到现在已经不仅仅是消费者与消费者之间的商业活动，很多商家也以个人的形式出现在网站上，与消费者进行商业活动。其中最具代表性的就是易趣网，如图 14-3 所示，另外，一些二手货交易网站也属于此类。

14.1.2 按商品类型分类

销售网站的类型也可以根据商品的种类、应用范围或者特点类型进行划分，可将其划分为食品类网站、电器类网站、服装类购物网站等。

1．食品购物网站

食品类购物网站是以食品为主要销售对象的网站，所涉及的食品种类繁多，包括蛋奶、水果、蔬菜、主食、粮油等，可以满足消费者的不同生活需求，同

图 14-3 易趣网

时也可以购买到各个地方的特色产品，极大地方便了消费者的生活所需。如图 14-4 所示

的网站为食品网站。

2．电器购物网站

电器购物类网站是以销售家用电器为主的网站，从大件到小件的商品无不涉足，如电视机、空调、冰箱、洗衣机、各种小家电，同时还包括一些电子数码产品，如相机、手机、摄像机等。此类网站所陈设的商品种类繁多，价位也有高低，可以供用户按需所选。国内比较知名的电器购物网站有苏宁易购、国美电器等，如图 14-5 所示。

图 14-4　食品购物网站

图 14-5　电器购物网站

3．首饰购物网站

首饰购物网站是以销售首饰为主的网站，首饰的种类也是多种多样的，包括耳饰、头饰、胸饰、腕饰、腰饰等，具体来说就是平常大家佩戴的戒指、手链、耳环等，各大品牌的饰品在网站上也都有销售，可以让用户综合比较后选择自己满意的款式和品牌，如图 14-6 所示。

4．服装购物网站

服装购物网也是当今发展非常迅速并且广受欢迎的网站类型，其销售的产品种类涉及到男装、女装、童装，具体可划分为婚纱、工服、家居装、帽子、围巾、鞋子、腰带等多个种类，网页上的导航也划分得有序具体，方便用户的筛选和查找，不会因为繁琐的搜索环节而流失浏览量，如图 14-7 所示。

图 14-6　首饰购物网站

5．综合性购物网站

综合性购物网站跟现实中的大型超市比较像，产品种类从食品、家电、首饰、办公用品到书籍、宠物用品、玩具、餐具等无不包含，就是一个虚拟超市，可以满足消费者购物欲望的同时又不用跳转到其他网站，实现一站式购物，如图 14-8 所示。

图 14-7　服装购物网站

图 14-8　综合购物网站

14.2　鹏乐购物网站首页设计

　　购物网站是一个网络购物站点，是做产品的销售和服务性质的网站，如果设计不当就很可能导致客户的流失。确定网站设计风格时，要考虑怎样的设计才能更加有效地吸引住顾客，从而构造一个具有自身特色的网上购物网站。

　　网站的外观最能决定网站所具备的价值。一个设计精美的网站，产品或服务质量也很有竞争力，所促成的销售量会是很高的。网站色彩也对人们的心情产生影响，不同的色彩及其色调组合会使人们产生不同的心理感受。购物网站以白为基调，会给人一种安静的感觉；以灰中带白色为基调，给人以时尚高端之感，使人充满向往。例如本案例所制作的购物网站首页，以灰白为色调，如图 14-9 所示。

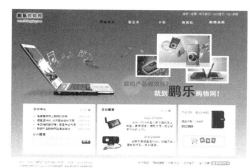

图 14-9　鹏乐购物网首页

　　这里的购物网站主要以笔记本电脑、手机和照相机为产品。首页在设计过程中，为三种产品图像做了展示。制作过程中，首要确定的是网页的布局及色调，然后根据色调制作网站背景。

14.2.1　首页布局设计

　　（1）新建一个 1024×750 像素、白色背景的文档。按快捷键 Ctrl+R 显示标尺，拉出两条水平辅助线，如图 14-10 所示。

（2）新建图层"背景"，使用【矩形选框工具】 ，如图 14-11 所示，在像素内建立矩形选区，并填充颜色# e2e2e2 。

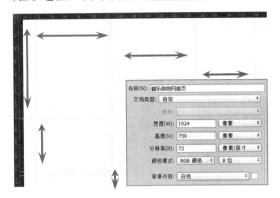

图14-10 新建文档

图14-11 填充颜色

（3）双击该图层，打开【图层样式】对话框，启用【渐变叠加】选项。设置 #797A78-#C3C3C2-#E1E1E0 颜色渐变，参数设置如图 14-12 所示。

（4）设置前景为白色，使用【矩形工具】 ，在【工具选项栏】上单击【形状】；在像素内建立矩形，如图 14-13 所示。

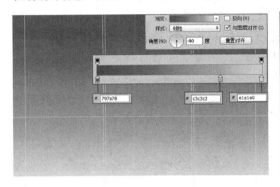

图14-12 添加渐变效果

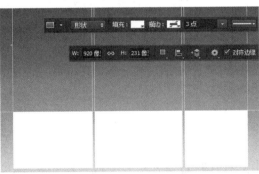

图14-13 建立矩形

（5）设置前景色为#E9E9E9，再次使用【矩形工具】 ，设置 W 为 220 像素、H 为 142 像素，在画布上建立矩形，如图 14-14 所示。

（6）按住 Ctrl 键单击当前图层蒙版缩览图，载入图像矩形选区。执行【选择】|【变换选区】命令，单击【工具选项栏】上的【保持长宽比】按钮 。设置【水平缩放】为 110%，选区扩大。按 Enter 键结束变换，并在矩形下方新建图层"顶白框"，填充白色，取消选区，如图 14-15 所示。

（7）按照上述方法，分别在该图形左边和右边绘制两个小型相框，首页背景及整个布局基本绘制完成，如图 14-16 所示。

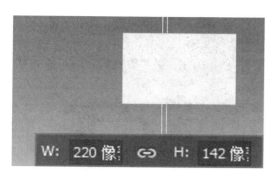

图14-14　创建形状图层

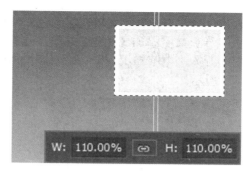

图14-15　绘制相框效果

14.2.2　内容添加

（1）制作标志，使用【横排文字工具】▉，输入文字"鹏乐购物网"和网址 www.PLShopping.com。设置文本属性，如图 14-17 所示。

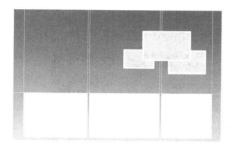

图14-16　布局效果

图14-17　输入网站名称

（2）分别双击文本图层，启用【描边】图层样式，为文字添加 2 像素的白色描边，并添加与标志参数相同的外发光效果，如图 14-18 所示。

（3）使用【横排文字工具】，在首页右上角输入小导航"登录--注册--联系我们--设为首页--加入收藏"文本和导航信息。设置文本属性，如图 14-19 所示。

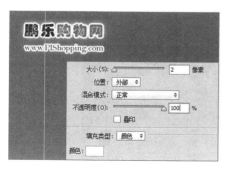

图14-18　添加描边和外发光效果

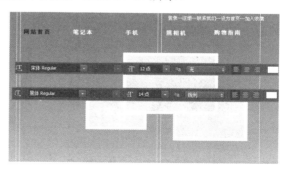

图14-19　输入导航信息

（4）新建图层"导航线"，使用【矩形选框工具】▉，设置【宽度】为 1 像素、【高度】为 20 像素。建立选区，填充墨绿色（#9bc508），取消选区，如图 14-20 所示。对"网站首页"导航文字添加【颜色叠加】图层样式，设置为黑色。

（5）导入"电脑.psd"和"音符树叶.psd"素材文档中的图像并放置到合适位置，如图 14-21 所示。

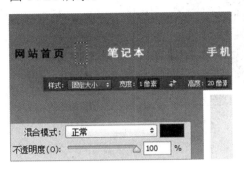

图14-20 绘制导航条　　　图14-21 导入素材

（6）打开"相机"素材，放置于较大的相框图像上。将相机所在的图层放置在该形状相框图层上，并将鼠标放在两图层之间，按住 Alt 键单击，如图 14-22 所示。

（7）分别打开"手机"、"笔记本"素材，并放置于其他两个相框图像中，如图 14-23 所示。

图14-22 放置相机图片　　　图14-23 放置手机及笔记本图像

（8）使用【横排文字工具】**T**，输入宣传语，设置文本属性，如图 14-24 所示。

（9）导入"内容 1.psd"和"圆.psd"素材文档中的图像并放置到合适位置，如图 14-25 所示。

图14-24 输入宣传语　　　图14-25 导入素材

（10）使用【横排文字工具】，在首页最下方空白区域输入版权信息，如图 14-26 所示。

14.3　购物网站内页设计

　　购物网站以销售产品为主，如果购买者在网站上没有发现他想要的产品，很快就会离开。所以一个好的购物网站除了需要销售好的产品之外，更要有完善的分类体系来展示产品，让顾客对产品结构一目了然，能很轻松地找到他所需的物品和描述。对购物网站来说，网站首页只能显示部分产品，所以购物网站还需要有多个内页来充分展示产品信息内容。

　　本案例按照产品类型及服务分为 4 个栏目，即"笔记本"、"手机"、"相机"和"客服中心"。网站内页根据栏目来分配管理产品，顾客可以通过分类体系找到自己的产品及简单描述和价格等信息。在首页基础上稍加改变，制作出一整套内页图像效果，如图 14-27 所示。

　　网站内页采用相同的布局设置，在相同的布局上添加栏目信息。以产品为主的内页，均以图像及简单的文字信息展示内容。在制作过程中，要注重图像的尺寸大小及图像之间的距离，并在文字方面注重标准字的应用。

图14-26　输入版权信息

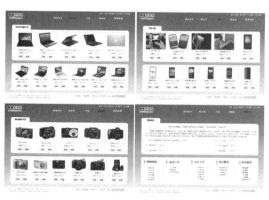

图14-27　鹏乐购物网内页

14.3.1　内页布局设计

　　（1）打开网站首页文档，执行【图像】|【复制】命令，将复制的文档命名为"内页布局"。将标志、背景、导航、版权信息及白色图像以外的信息删除，如图 14-28 所示。

　　（2）设置前景为白色，使用【圆角矩形工具】 ⬜　，在【工具选项栏】上单击【形状】、并设置 W 为 920 像素、H 为 218 像素，【圆角半径】为 10 像素。在画布上单击，建立圆角矩形，如图 13-29 所示。

　　（3）使用【直接选择工具】 ▶ 和【转换点工具】 ▷ ，选中锚点，移动调整，将圆角转换为直角，如图 13-30 所示。

图14-28 复制文档

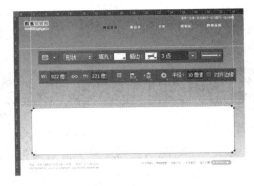

图14-29 建立圆角矩形

提 示

只有在矢量蒙版处于工作状态下，使用【直接选择工具】 ▶ 才能将路径锚点选中。

（4）选中白色区域图像所在图层，按快捷键 Ctrl+J 复制该图像。按快捷键 Ctrl+T 水平翻转图像，在【工具选项栏】上设置【垂直缩放比例】为 120%。结束变换，如图 14-31 所示。

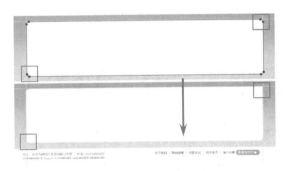

图14-30 调整路径锚点

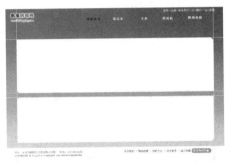

图14-31 复制图像

（5）在副本图像蒙版处于工作状态下时，使用【自定形状工具】 ✿。在【工具选项栏】上的形状取色器中单击【选项卡】按钮。在副本图像顶端绘制图形，如图 14-32 所示。

（6）分别对白背景图像及副本图像添加投影。启用【投影】图层样式，设置【投影的不透明度】为 12%、【光源角度】为 -113 度。其他参数默认，如图 14-33 所示。

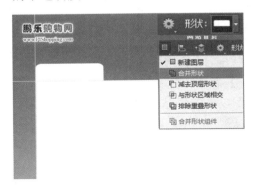

图14-32 添加图像形状

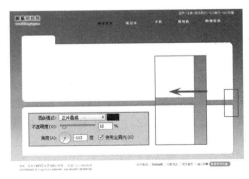

图14-33 添加投影效果

（7）内页布局基本制作完成，如图 14-34 所示。执行【文件】|【存储】命令，将"内页布局"保存为 PSD 格式文档。

14.3.2　图像展示页设计

（1）执行【图像】|【复制】命令，复制"内页布局"文档为"鹏乐购物网内页-笔记本"。在导航中，对"笔记本"文字图层添加【颜色叠加】图层样式，将文字设置为黑色，删除"网站首页"文字图层样式，如图 14-35 所示。

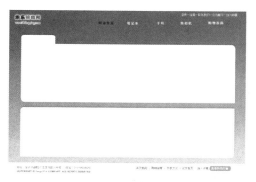

图14-34　内页布局

图14-35　复制文档

（2）使用【横排文字工具】，输入"笔记本电脑专区"字样。设置文本属性，如图 14-36 所示。

（3）导入"内容 2.psd"素材文档中的图像并放置到合适位置，如图 14-37 所示。

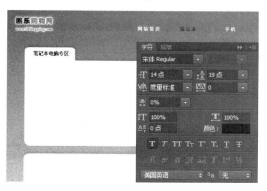

图14-36　输入文字

图14-37　导入素材

（4）使用【横排文字工具】，在文档右下角输入文字"共 8 页【1】2 3 4 5 下一页"，作为页码。设置文本属性，如图 14-38 所示。

（5）按照上述方法，分别制作以"手机"及"相机"为产品的两个内页。

14.3.3　文字信息页导入

（1）复制"内页布局"文档为"鹏乐购物网内页-购物指南"，并将导航中的文字"客服中心"设置为黑色,如图 14-39 所示。

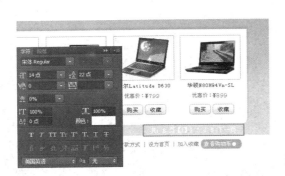

图 14-38 绘制页码

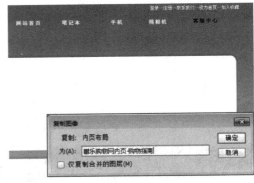

图 14-39 复制文档

（2）使用【横排文字工具】 ，输入"代购须知"文本信息内容。设置文本属性，如图 13-40 所示。

（3）导入"内容 5.psd"素材文档中的图像并放置到合适位置，如图 14-41 所示，客服中心页就制作完成了。

图 14-40 输入代购须知文本内容

图 14-41 导入素材

14.4 思考与练习

一、填空题

1．购物类网站就是商家通过＿＿＿＿＿作为媒介，在 ＿＿＿＿ 、 ＿＿＿＿和商家之间形成交流和沟通的一种渠道和方式。

2．现代类型的购物网站可以有多种划分，根据商家和消费者类型的不同，可以将其划分为 ＿＿＿＿ 、 ＿＿＿＿ 、 ＿＿＿＿三种。

3．销售网站的类型也可以根据商品的种类、应用范围或者特点类型进行划分，可将其划分为＿＿＿＿、 ＿＿＿＿、 ＿＿＿＿等。

二、选择题

1．下列选项中， ＿＿＿＿不是现代类型的购物网站的划分种类。

    A．B2B   B．B2C

    C．C2C   D．C2B

2．C2C（Consumer-to-Consumer）即＿＿＿ 之

间的电子商务。

   A．消费者与消费者 B．消费者与商家

   C．商家与商家   D．商家与电子平台

三、练习

绘制购物网页

  本练习围绕购物方面的网站，结合案例，制作一个简单完整的购物网站，网站的效果图如图14-42所示。

 图14-42 购物网页

第 15 章

旅游类网站设计

随着生活水平的提高，旅游已经成为一种备受大众欢迎的娱乐休闲方式，而为了吸引更多各地旅游者的目光，旅游景点以其自身的特点建立网站，使得旅游者可以预先了解将要去的景点。旅游景点成千上万，由于各个旅游景点的风景不同，所以在建立网站时，需要根据当地景点的特色来决定网站的色调。这样才能够在浏览网站的同时，感受景点的独特之处。

本章分为两个小节，分别是旅游类网站的鉴赏和旅游类网站设计。通过实例讲解深切体会旅游类网站的设计过程。

15.1 旅游类网站鉴赏

通常情况下，旅游是从一个地方到另外一个地方。所以旅游网站的建立，是为了吸引更多的人来到景点。而为了宣传当地景点，在建立网站时，需要尽量展示当地景点的特色。吸引游客到景点参观，从而带动其他相关产业的发展。下面介绍部分成功的旅游网站。

15.1.1 旅游门户网

旅游门户网站是综合展示各地景点信息，详细充分地对景点进行介绍，而这类网站在色彩搭配上没有特定的色调。在网页结构布局方面，因为包含大量的旅游信息，所以采用中规中矩的布局，如图 15-1 所示。

15.1.2 滑雪度假网站

滑雪场的网页布局和颜色搭配也会影响浏览者的选择。如图 15-2 所示的网站采用了蓝色和白色作为网站的主色调，塑造出雪山中蓝天、白云、冰雪的清新气氛，给浏览者视觉上一个景色的大概轮廓，再加上大量信息的展示，让浏览者自己去想象美景之中的美好画面，从而吸引浏览者来滑雪场度假及游玩。

图15-1　旅游门户网站　　　　　图15-2　滑雪度假网站内页

15.1.3　田园度假网站

当以一个特定景点为中心建立网站时，网站中的图片可以使用景点中的风景图片。如图15-3所示的网站，在进站网页中使用了当地景点中的风景作为主体图片，并且还使用了风景中的颜色，作为网站主题色调。整个页面看起来更加清新自然，符合田园度假网站的风格。

当网站进站页显示完毕后，或者单击网页中的skip文本链接，页面会进入该网站的首页，如图15-4所示。首页与进站页完全不同，首页采用了插画作为网站的风格，而标志背景为木质纹理，主题色调仍然为浅绿色，木质纹理和绿色都是源自大自然的自然元素，吸引浏览者的目光，从网站形象上给他们一个美好的田园印象，处处体现了该网站的主题——田园。

图15-3　田园度假网站进站页　　　　　图15-4　田园度假网站首页

15.1.4　海边度假风光

海边给人的感觉就是阳光、沙滩、大海，景色的主题元素决定了网站的设计风格，至少要有相关性，让浏览者看到后可以联想到相关的画面。网站中的背景颜色、宣传图片都要跟所介绍的景色相关联，如图15-5所示。

　　该网站中的景点为南方的海边，为了体现南方海边的特点，在网站内页的 Banner 中分别展示了不同风情的图片，并且以图片中的色调为基础，作为各个内页的基本色调，如图15-6所示。

图15-5　海边度假风光首页　　　　　　　图15-6　海边度假风光内页

15.1.5　文化旅游网站

　　旅游可以给人带来精神方面的享受，卸下繁重的工作压力，来到大自然中，来到文化古迹处，接触没有见过的风景和人文气息，了解世界中存在的更多的未知秘密，让身心得到放松、眼界得到开阔。文化也成为旅游行业中的一个重头戏，也便相继出现了很多以文化为主题的网站，如图15-7所示。

　　既然是以文化为背景，那么网站在色彩搭配方面采用了稳重的海蓝色作为网站主色调。而网页布局则采用了毛笔笔触作为网页 Banner 与背景的分隔线。特别在网页导航与版尾标志部分采用了墨滴形状作为背景图像。

　　网站内页在色调与布局上与首页基本相同，只是在主题背景的上边缘同样采用了毛笔笔触形状，使其与 Banner 边缘相呼应，如图15-8所示。

图15-7　文化旅游网站首页　　　　　　　图15-8　文化旅游网站内页

15.1.6 航空公司网站

　　航空公司网站存在的主要作用就是为长途用户提供飞行指南等各个方面的飞行指导和信息，方便用户的出行，使旅行更加便利和舒适。如图15-9所示的航空公司网站采用了蓝天作为网页背景，露出灿烂微笑的大幅空姐照片，也为公司树立了一个阳光、舒适、温馨的整体形象。

15.1.7 酒店预订网站

　　长途旅行中，住宿是很重要的一环，它是旅行是否能够成功进行的关键。酒店预订网站便解决了这一问题，可以为用户提供不同价位和档次的住宿条件。如图15-10所示为酒店预定网站首页，以大幅的风景图片作为网页背景，给人一种在旅途中的惬意感。

　　图15-9　航空公司网站首页　　　　　图15-10　酒店预订网站首页

15.1.8 度假村客房服务

　　有些旅游景点，则如度假村，包含住宿，而这些住宿地点又在景点中，这样休息的同时还可以欣赏风景，为旅游者提供了方便。所以在建立网站时，就会将景点与客房服务相结合作为一个宣传点。

　　要建立度假村网站，就需要将景点与客房服务同时展示，这是与专门的风景网站的不同之处，用户可以根据自己的喜好选择喜欢的客房，如图

　　图15-11　度假村客房服务网站首页

15-11所示的网站就是以住宿和风景环境为网站背景进行宣传的。

15.2 旅游网站设计

本例中，旅游网站为度假村的网站，其主要为游客提供海滨旅游，包括吃、住、行、玩等服务，因此在设计该网站的首页时，可以将一张较大的风景作为其背景，这样不但与度假村的主题相符合，还可以给访问者带来视觉上的冲击。

首页以蓝绿为主色调，如图 15-12 所示，通过页面图像中的天空、白云、绿树、青草等表现出来，为访问者带来了轻松、愉快、具有活力的感觉。由于大幅的风景图像比文字更加生动、形象，对访问者来说也更具有说服力，因此可以增强访问者想要到此地旅游的欲望。首页以图片展示为主，搭配有少量的文字，这也正符合访问者的心理。具体制作过程如下。

15.2.1 页面结构设计

（1）新建一个 1003×768 像素的透明文档。将"背景图像"素材拖入该文档中，新建图层，使用【矩形工具】▢ 在文档的右上角绘制一个黑色（#191919）的矩形，然后为该图层添加"描边"样式，使用【横排文字工具】Ⓣ在矩形的上面输入"注册"等文字，如图 15-13 所示。

图15-12　度假村首页

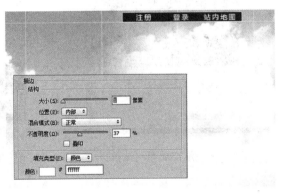

图15-13　输入文字

提 示

"注册"等文字的【字体】为"微软雅黑"、【大小】为"10px"、【颜色】为"灰色（#9DA3A3）"。

（2）新建图层，在文档的顶部绘制一个白色的矩形，在【图层】面板中设置其【填充】为"0%"。然后，为该图层添加"外发光"和"内发光"样式，如图 15-14 所示。

（3）将"螺丝钉"素材拖入到透明矩形的 4 个边角上面，然后将这 4 个图层合并为 1 个图层，在透明矩形的左侧输入文字"海天度假"，并为图层添加【描边】和【投影】样式。然后，在文字的左上角拖入"树叶"素材，如图 15-15 所示。

图 15-14　绘制透明立体矩形

图 15-15　输入 Logo 文字

（4）在透明矩形的右侧输入导航文字和英文，并在文字之间绘制灰色分隔线，如图 15-16 所示。

（5）新建图层，使用相同的方法在文档的中间部分绘制一个透明的立体矩形，将"螺丝钉"素材拖入到立体矩形的 4 个边角上面并调整大小。然后，绘制一个白色的矩形，并为图层添加【投影】样式，将"树叶"素材拖入到白色矩形的右下角，并将该图层创建为剪贴蒙版，如图 15-17 所示。

图 15-16　输入导航文字

图 15-17　绘制白色矩形

（6）在文档底部的左侧输入 Logo 文字，其字体样式与上面的相同，只是大小为"30px"。在文档底部的右侧输入版权信息、联系方式等内容，并设置【字体】为"微软雅黑"、【大小】为"12px"、【颜色】为"黑色（#191919）"，如图 15-18 所示。

15.2.2　页面内容设计

（1）将"风景"素材拖入到白色矩形的左上角，使其与上边框线和左边框线保持 10px 的距离，使用【横排文字工具】T在风景图片上面输入文字"留下一个美好的回忆"及英文，并设置文字样式，如图 15-19 所示。

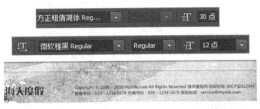

图15-18 输入版权信息

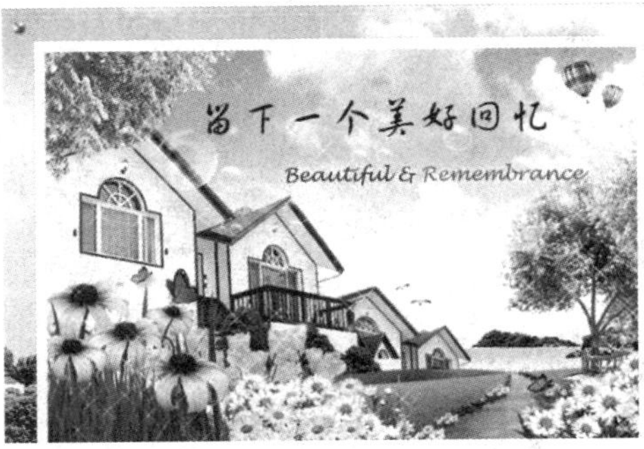

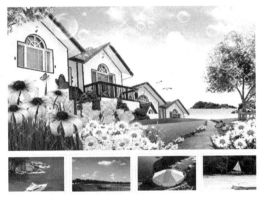

图15-19 拖入风景图片

（2）在风景图片的下面绘制一个白色（#FFFFFF）的矩形，并为图层添加【内发光】和【描边】样式，如图 15-20 所示。

（3）将“风景_1”素材拖入到矩形的上面，使其相对于矩形沿水平和垂直方向居中对齐。使用相同的方法，设计其他三个风景缩略图展示，如图 15-21 所示。

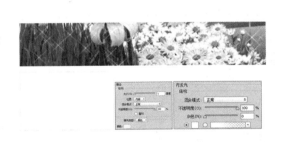

图15-20 绘制矩形

图15-21 设计风景缩略图

提 示

同时选中风景图片和白色矩形这两个图层，并切换到【移动】工具，即可在工具选项栏中设置对齐方式。

（4）在白色矩形的右上角拖入“树叶图标”素材，在其右侧输入“新闻公告”的中英文。然后，在同一行的末尾再拖入 more 图标，新建图层，在标题下面绘制一条灰色（#E3E3E3）的直线。然后，拖入图标素材，并在其右侧输入新闻标题文字，如图 15-22 所示。

图15-22 新闻公告内容

（5）使用相同的方法，设计制作客房展览版块的标题，新建图层，在标题的下面绘制多个绿色（#71BA11）的圆形，并在【图层】面板上调整其为不同的填充度。然后，在右侧输入英文，如图 15-23 所示。

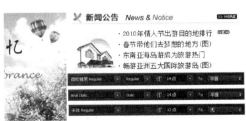

（6）新建图层，绘制两个灰色（#858682）的小三角形。再新建一个图层，绘制一个灰色（#F3F3F3）的矩形，并为图层添加【描边】样式。然后，将"客房_1"素材拖入到该矩形上面，如图 15-24 所示。

🔘 图15-23 绘制圆形

🔘 图15-24 客户图片

（7）使用相同的方法，制作其他几张客房展示图片，如图 15-25 所示。

（8）将"联系客服"和"投诉热线"素材拖入到文档中，并在其上输入文字。然后，在文字右侧输入电话号码，将"指南针"素材拖入到白色矩形的右下角，在其下面输入"当地地图"和"MAP"字样。然后，在其右侧拖入箭头图标，制作其他两个提示图标，如图 15-26 所示。

🔘 图15-25 制作其他客房展示图片

🔘 图15-26 制作提示图标

"度假村概况"页和"风景欣赏"页是该旅游网站的两个子页面。"度假村概况"页是以文字为主介绍度假村的基本情况；而"风景欣赏"页以照片的形式向访问者展示旅游地的风景。下面就开始设计这两个子页面。

度假村概况页的背景同样使用了一张海边风景图像，但与首页有所区别。页面的Logo、导航条和底部信息没有太大的变化，只是将修饰 Logo 的树叶更改为海星图像。主体内容划分为上左右结构，上面为 Banner 图像，左侧为二级导航菜单，右侧为度假村的简介内容，如图 15-27 所示。

15.2.3 度假网站概况页设计

（1）新建一个 1003×1100 像素的透明背景文档。将海边风景图像拖入该文档，将与首页相同的内容直接复制到该文档中，如图 15-28 所示。

图15-27 度假村概况页

图15-28 拖入背景图像和复制内容

（2）将"海星"素材拖入到"海天度假"文字的右上角，为其图层添加【投影】样式。然后，将"海星"图层移动到"海天度假"图层的下面。在白色矩形的上面拖入 Banner 素材，使其水平居中对齐。然后，在 Banner 上面输入"带来另外一种生活享受"等文字，如图 14-29 所示。

图15-29 输入 Banner 文字

（3）在 Banner 图像下面的左侧拖入"遮阳伞"素材，并在其右侧制作二级导航菜单，如图 15-30 所示。

> **提 示**
>
> 二级导航菜单的子项目中的文字颜色为灰色（#777777）。

（4）新建"纸"图层，使用【矩形工具】▬ 在二级导航菜单的下面绘制一个浅黄色（#F8F5EA）矩形，如图 15-31 所示。

📀 图15-30 输入菜单名称　　　　　📀 图15-31 绘制矩形

（5）复制"纸"图层，为矩形填充墨绿色（#60552D），并调整【填充】为"25%"，然后为图层创建蒙版，并从左上角向右下角填充黑白渐变色，使其成为"纸"矩形的阴影，如图 15-32 所示。

（6）新建图层，使用【钢笔工具】✐ 在矩形的上面绘制一个不规则的"胶带"图形，并填充黑色（#1A2623）。然后在【图层】面板中调整【填充】为"15%"，如图 15-33 所示。

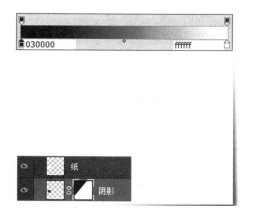

📀 图15-32 设计二级导航菜单　　　　　📀 图15-33 绘制胶带

（7）将"帽子"素材拖入到浅黄色矩形的右上角，在其左侧输入"客户服务"文字及英文，并为"客户服务"图层添加【描边】样式。然后在下面输入联系电话等内容，如图 15-34 所示。

（8）在 Banner 图像下面的右侧拖入"位置图标"素材，输入网页位置文字，并绘制一条 2px（#E9E9E9）的灰色直线。然后，输入页面标题文字，如图 15-35 所示。

📀 图15-34 版块标题　　　　　📀 图15-35 内容标题

在【字符】面板中，设置网页位置文字【字体】为"宋体"、【大小】为"12px"、【颜色】为"灰色（#777777）"；设置"度假村简介"的【字体】为"微软雅黑"、【大小】为"16px"、【颜色】为"黑色（#000000）"。

（9）在标题下面拖入"度假村简介"素材。然后输入度假村的简介内容，并设置文字的【字体】为"宋体"、【大小】为"12px"、【行距】为"30px"、【字距】为50，如图15-36所示。

15.2.4 风景欣赏页设计

"风景欣赏页"通过图片展示和文字说明向网站访问者介绍旅游地的景区景点。该页面的布局结构与"度假村简介"页面基本相同，不同的是二级导航菜单的子项目及页面主题内容，如图15-37所示。

图15-36 输入度假村简介   图15-37 风景欣赏页

（1）新建一个1003×1100像素的透明文档。将与"度假村概况"页相同的内容复制到该文档中，如图15-38所示。

（2）在"遮阳伞"图像的右侧输入二级导航条的标题及子项目，以及在二级导航菜单的右侧输入网页位置和页面标题等内容，并设置与"概况页"相同的文字样式，如图15-39所示。

图15-38 复制内容   图15-39 制作二级导航菜单

（3）在标题下面拖入"风景_1"素材，并为该图层添加【投影】和【描边】样式，如图 15-40 所示。

（4）在风景图像的右侧输入文字"天涯海角"及介绍内容，然后设置文字样式，如图 15-41 所示。

図15-40 添加【投影】和【描边】样式

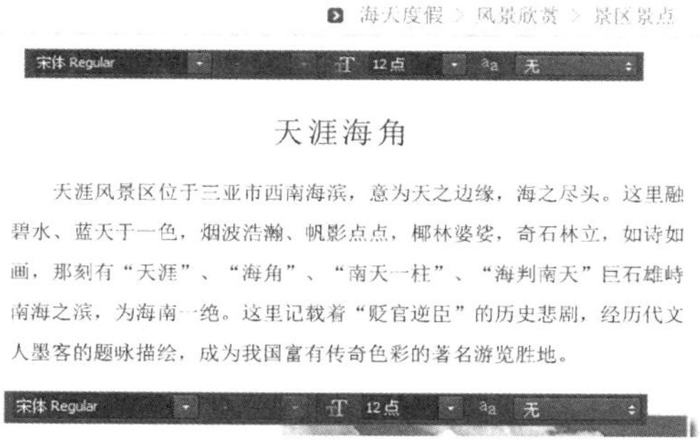

図15-41 输入图像介绍内容

（5）使用相同的方法，在下面拖入其他风景图像，并输入介绍文字，如图 15-42 所示。

根据上述方法制作出"温馨客房"页和"在线预订"页，它们是该旅游网站的两个子页面。"温馨客房"页以图像的形式向网站访问者展示豪华海景房；而"在线预订"页为网站访问者提供一个表单，通过填写并提交该表单可以在线预订客房。下面就开始设计这两个子页面。

从结构布局上来说，温馨客房页与前面介绍的两个子页完全相同。该页面介绍的是客户，因此在主体内容中插入了三张豪华海景房的照片，通过这些照片向访问者展示客房的内部环境，如图 15-43 所示。网站在线预订页是该站的最后一个子页面，用于为网站

図15-42 设计其他风景图像

访问者提供在线预订客房的功能。该页面的主体内容为一个表单，为了填充其右侧的空白区域，特别插入了一些文字及修饰图像，如图 15-44 所示。

図15-43 "温馨客房"页

図15-44 "在线预订"页

一、填空题

1．旅游门户网站采用＿＿＿＿＿＿＿＿＿的布局。

2．当以一个特定景点为中心建立网站时，可以使用＿＿＿＿＿＿的风景图片。

3．要建立度假村网站，就需要将＿＿＿＿同时展示，这是与专门风景网站的不同之处。

二、选择题

1．航空公司网站存在的主要作用就是为提供飞行指南等各个方面的飞行指导和信息，方便用户的出行，使旅行更加便利和舒适。

A．风景网站　B．景点

C．长途用户　D．度假村

2．风景欣赏页通过＿＿＿＿＿＿向网站访问者介绍旅游地的景区景点。

A．图片展示　B．图片展示和文字说明

C．文字说明　D．图像

三、练习

绘制温馨客房页和在线预订页

本次练习根据上述方法制作出如图15-45所示的"温馨客房"页和"在线预订"页，它们是该旅游网站的两个子页面。温馨客房页以图像的形式向网站访问者展示豪华海景房；而在线预订页为网站访问者提供一个表单，通过填写并提交该表单可以在线预订客房。

图15-45　温馨客房页和在线预订页

第 16 章
休闲类网站设计

　　快节奏的现代生活带给人们越来越大的压力，所以便繁衍出来各式各样的休闲活动来对身心进行放松。所以现在休闲类网站发展迅速，休闲类网站通过网络向人们介绍、推荐各种各样的休闲活动、休闲用品、休闲居家等。

　　本章介绍各休闲类网站的特点以及色彩搭配，并以一个休闲类旅游网站的制作为实例，具体展示休闲类网站效果的整个制作过程。

16.1　休闲类网站概况

　　休闲类网站可以让人们消除体力的疲劳，获得精神上的慰藉，它通过人类群体共有的行为、思维、感情，创造文化氛围，传递文化信息，构筑文化意境，从而达到个体身心和意志的全面、完整的发展。休闲总是与一定历史时期的政治、经济、文化、道德、伦理水平紧密相连，并相互作用。休闲活动也是多种多样的，网站便可根据其种类进行分类。

16.1.1　休闲之时尚生活

　　休闲是指在非劳动及非工作时间内以各种"玩"的方式求得身心的调节与放松，达到生命保健、体能恢复、身心愉悦的目的的一种业余生活。而时尚生活也是休闲生活中的一种方式，网络中各类门户网站中均能够看到休闲与时尚的信息，并且还有特别为时尚生活建立的网站，如图 16-1 所示。

16.1.2　休闲之旅游

　　随着生活水平的提高，旅游已经成为人们的一种生活方式。在旅游过程中，可以领略异地的新风光、新生活，在异地获得平时不易得到的知识与快乐。由于各个旅游景点的风景不同，所以需要根据当地景点的特色来决定网站的色调，这样才能够使用户在浏览网站的同时，感受景点的独特之处，如图 16-2 所示。

图 16-1　时尚生活网站　　　图 16-2　旅游网站

16.1.3　休闲之美容

美容也是一种放松身心的方式，是让个人从外貌上进行好的改变和调整的一种休闲方式，无论是女士还是男士都可以进行这种休闲活动。美容不仅针对脸部，还包括全身，并且还有各种方式的 SPA 养生。通过 SPA 养生，不仅能够美容美体、瘦身，还能够起到抵抗压力的作用，使人从外貌到精神都呈现出一种健康感，如图 16-3 所示。

16.1.4　休闲之健身

健身已经是人们生活中必不可少的休闲以及排解压力的方式之一，无论是综合性的健身俱乐部，还是专业的健身馆。健身网站是一个提供健身资讯、健身理念、健身课程、健身管理、健身咨询、健身指导等的平台。

互联网中有成千上万的健身网站为广大网民提供健身咨询，每家网站都有各自的特色，所开设的栏目也大相径庭，如图 16-4 所示的是综合性的健身网站。

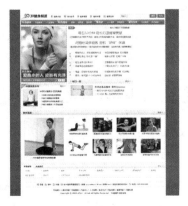

图 16-3　美容养生网站　　　图 16-4　健身网站

16.1.5 休闲之服饰

跟服饰相关的活动也是一种休闲方式，是因为一方面服饰能够装饰人的外表；另外一方面，购物，也就是买衣服也是一种舒缓压力的途径。所以，服饰网站在设计时应以舒适为主，如图16-5所示。

服装网除了销售服装外，还提供包括服装流行资讯、时尚资讯、品牌发展历程、服装的穿着文化、搭配文化等内容。

16.1.6 休闲之家居

家居是一种另类的休闲方式，只有舒适的环境才能够让紧张的情绪放松下来，而人们越来越重视自身所居住的环境。网络中具有家居信息的网站比比皆是，无论是门户网站中自带的，还是专门介绍家居的网站，当然还有品牌家居的宣传网站，如图16-6所示。

图16-5 搭配和服饰网站

图16-6 家居休闲网站

16.2 美容网站首页设计

美容行业的受众虽然包括女士和男士，但是针对不同的对象，网站的色彩与布局各不相同。男士美容网站布局单一，搭配比较中性的色相，这样才能体现男士的阳刚、稳重；而女士美容网站布局灵活，并且可以搭配各种偏红或者亮丽的色相。

Beauty网站为女士美容网站，如图16-7所示。该网站的基本色调为粉紫、黄色，该色调表达了女士的活力，而网站中还搭配了红色，使整个网站更能表达精力充沛的气息。在网页布局方面，该网站以拐角型网页布局为基础，并且加以变化，使网页既有展示产品的空间，也使版面更加灵活。

（1）在新建的 1000×935 像素的空白文档中选择【渐变工具】，并且设置渐变颜色，如图 16-8 所示。在整个画布中创建渐变颜色。

图 16-7　美容网站首页　　　　　　　　图 16-8　创建渐变背景

（2）按快捷键 Ctrl+R 显示标尺，拉出辅助线，新建两个图层，使用【矩形选框工具】分别在不同图层像素内建立矩形选区，并分别填充颜色 # f5a52c 和 # 6a3906 ，如图 16-9 所示。

（3）双击黄色矩形图层，启用【投影】图层样式，设置参数如图 16-10 所示。

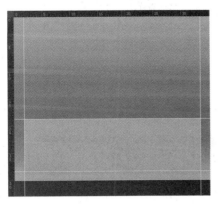
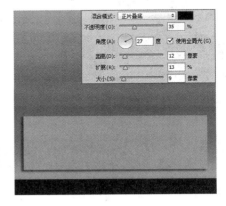

图 16-9　绘制矩形图像　　　　　　　　图 16-10　添加投影图层设置

（4）导入"圆点.psd"素材图像，将图层放置在黄色矩形图层之下，调整位置，如图 16-11 所示。

（5）新建图层，选择【圆角矩形工具】，绘制洋红圆角矩形，并双击图层，启用

【投影】图层样式，设置参数如图 16-12 所示。

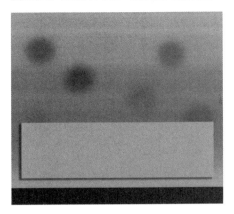

图16-11　导入素材

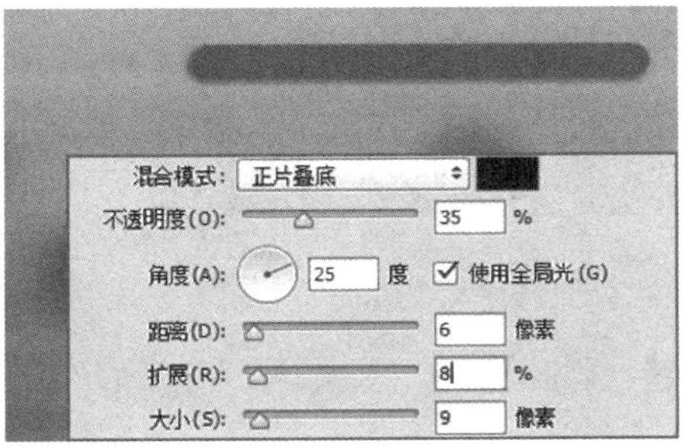

图16-12　绘制带边框的矩形

（6）选择【矩形选框工具】，在橙色透明矩形右上角区域建立 500×440 像素的矩形选区后，使用【渐变】工具，填充粉红渐变。添加【投影】图层样式，设置参数如图 16-13 所示。

（7）选择步骤（6）中所绘制的矩形图层，复制两个副本，选择其中一个，按快捷键 Ctrl+T 显示自由变换框，单击鼠标右键，在弹出的菜单中选择【斜切】，调整角点，并填充颜色 # 000000，再将另一个图层填充颜色 # 631a37，然后将两个图像放置在合适位置，如图 16-14 所示。

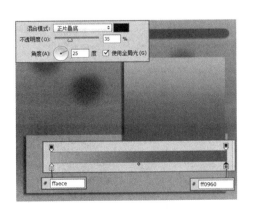

图16-13　绘制渐变矩形加阴影

图16-14　复制并调整图像

16.2.2　信息内容添加

选中"导航背景"图层，将素材图像"LOGO.psd"中的图像导入画布中，并且将其放置在灰色矩形框的左侧，然后输入网页名称，并设置其属性，如图 16-15 所示。

（1）选中"圆角矩形 1"图层，使用【横排文字工具】在其中输入导航菜单名称，并且设置其属性，且把首页文字设置为黑色，如图 16-16 所示。

图16-15 制作网站 Logo

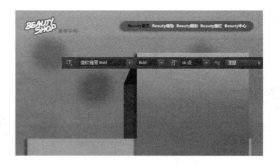

图16-16 输入菜单名称

（2）导入素材文件"图像.psd"中的图像到画布中，放置在合适位置，效果如图16-17所示。

（3）导入素材文件"内容 1.psd"和"内容 2.psd"中的图像到画布中，放置在合适位置，如图16-18所示。

图16-17 导入素材

图16-18 导入素材

（4）选择最下方的矩形，在该矩形中输入版权信息文字，并设置如图 16-19 所示的参数，完成首页的制作，如图 16-20 所示。

图16-19 制作版权信息

图16-20 网站首页

16.3 美容网站内页制作

美容网站首页主要展示 Beauty 美容中心的风格，以及所服务的对象范围。要想更加详细地了解该美容中心，则需要通过网站内页来展示。这里根据网站首页导航菜单中的栏目名称，分别设计了"Beauty 植物"、"Beauty 眼影"、"Beauty 腮红"以及"Beauty 中心"网站内页，如图 16-21 所示。

（a）"Beauty 植物"内页

（b）"Beauty 眼影"内页

（c）"Beauty 腮红"内页

（d）"Beauty 中心"内页

图16-21　网站内页

Beauty 网站内页是在首页的基础上设计的，内页布局采用了首页的结构，只是将主题区域拉长，扩大信息的展示区域。而在色彩运用方面，继续延用首页的颜色，但是为了有所区别，在主题区域分别采用绿色、褐色与蓝色渐变，使网站内页在视觉上更加丰富。

16.3.1 "Beauty 植物"页制作

（1）将"首页.psd"另存为"美容网站内页.psd"，将其中多余的图像与文字删除，并且修改导航菜单中的文字颜色，如图 16-22 所示。

（2）通过【画布大小】对话框，将画布的高度由上至下扩展至 1350px。然后将版权信息所在的图层垂直向下移动后，将"主图背景"图层删除，并且新建图层建立绿色渐变矩形，如图 16-23 所示。

图 16-22 复制网页文档

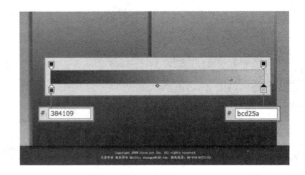

图 16-23 制作主题背景

（3）重新建立绿色渐变矩形以后，根据矩形修改其他侧栏图像，如图 16-24 所示。

（4）分别导入素材文件"图像 2.psd"、"内容 3.psd"、"内容 4.psd"至其中，然后调整其位置，如图 16-25 所示。

图 16-24 制作侧栏背景

图 16-25 导入素材

16.3.2   商品展示页制作

（1）复制网页文档"美容网站植物.psd"为"美容网站眼影.psd"，将主题区域中的内容信息删除，然后修改导航条中的文字，如图 16-26 所示。

（2）使用【矩形选框工具】选中绿色渐变，选中【渐变工具】，建立紫黄色渐变，如图 16-27 所示。

图16-26   标题效果

图16-27   填充紫色渐变

（3）更换主题背景颜色后导入素材文件"内容 5.psd"，然后调整其位置，如图 16-28 所示。

（4）另存文档"美容网站眼影.psd"为"美容网站腮红.psd"，然后修改导航条中的文字，如图 16-29 所示。

图16-28   导入素材

图16-29   标题效果

（5）删除主题区域中多余的图像与文字元素，替换主题的渐变颜色为浅褐色渐变，如图 16-30 所示。

（6）将图标颜色渐变改为浅褐色渐变以后，导入素材"内容 6.psd"到相应位置，如图 16-31 所示。

图16-30　更换主题色调　　　　　　　图16-31　导入素材

16.3.3　文字信息页制作

（1）另存文档"美容网站腮红.psd"为"美容网站中心.psd"，然后修改导航条中的文字，如图16-32所示。

图16-32　复制文档

（2）删除主题区域中的多余图像与文字元素后，替换主题的渐变颜色为蓝色渐变，如图16-33所示。

（3）将图标颜色渐变改为蓝色渐变以后，导入素材"内容7.psd"到相应位置，如图16-34所示为最后的效果。

图16-33　更换主题色调　　　　　　　图16-34　导入素材

16.4 思考与练习

一、填空题

1．休闲类网站可以让人们消除_____的疲劳，获得精神上的慰藉，它通过_____，创造文化氛围，传递文化信息，构筑文化意境，从而达到个体身心和意志的全面、完整的发展。

2．休闲是指_____的一种业余生活。

3．休闲活动也是多种多样的，网站便可根据其种类分为_____ 类。

二、选择题

1．下列选项中，_____不是休闲活动网站。

A．休闲之时尚生活

B．休闲之服饰

C．休闲之旅游

D．休闲之工业

2．休闲总是与一定历史时期的_____、经济、文化、道德、伦理水平紧密相连，并相互作用。

A．政治　　　　　　B．工业

C．运输　　　　　　D．运动

三、练习

本练习围绕休闲方面的网站，结合案例，制作一个简单完整的购物网站。